REGLAMENTO EUROPEO
DE GASES FLUORADOS

REGLAMENTO (UE) 2024/573
sobre los gases fluorados de efecto invernadero

canopina

© 2024,   Editorial Cano Pina

www.canopina.com

ediciones@canopina.com

ISBN: 978-84-18430-78-7

DL MU 473-2024

Impreso en España

ÍNDICE

PRÓLOGO

En este libro se ha incluido el *REGLAMENTO (UE) 2024/573 DEL PARLAMENTO EUROPEO Y DEL CONSEJO de 7 de febrero de 2024 sobre los gases fluorados de efecto invernadero, por el que se modifica la Directiva (UE) 2019/1937, y se deroga el Reglamento (UE) n.º 517/2014.*

Este nuevo Reglamento trata sobre el uso, contención, recuperación, reciclado, regeneración y destrucción de los gases fluorados de efecto invernadero, así como a las medidas de control y supervisión necesarias para garantizar el cumplimiento de todos estos aspectos.

Las cuestiones centrales o más relevantes quizás son las referentes a la reducción gradual de los gases de efecto invernadero que se pueden comercializar en la UE y por supuesto a la prohibición del uso en función del potencial de calentamiento global (PCG) de los refrigerantes.

REGLAMENTO (UE) 2024/573 del Parlamento europeo y del Consejo de 7 de febrero de 2024 sobre los gases fluorados de efecto invernadero, por el que se modifica la Directiva (UE) 2019/1937, y se deroga el Reglamento (UE) n.º 517/2014

(Texto pertinente a efectos del EEE)

EL PARLAMENTO EUROPEO Y EL CONSEJO DE LA UNIÓN EUROPEA,

Visto el Tratado de Funcionamiento de la Unión Europea, y en particular su artículo 192, apartado 1,

Vista la propuesta de la Comisión Europea,

Previa transmisión del proyecto de acto legislativo a los Parlamentos nacionales,

Visto el dictamen del Comité Económico y Social Europeo[(1)],

(1) DO C 365 de 23.9.2022, p. 44.

Previa consulta al Comité de las Regiones,

De conformidad con el procedimiento legislativo ordinario[(2)],

(2) Posición del Parlamento Europeo de 16 de enero de 2024 (pendiente de publicación en el Diario Oficial) y Decisión del Consejo de 23 de enero de 2024.

Considerando lo siguiente:

1) El Pacto Verde Europeo, tal como se establece en la Comunicación de la Comisión de 11 de diciembre de 2019, puso en marcha una nueva estrategia de crecimiento para la Unión cuyo objetivo es transformarla en una sociedad justa y próspera, con una economía moderna, eficiente en el uso de los recursos y competitiva. Reafirma la ambición de la Comisión de convertir a Europa en el primer continente climáticamente neutro y sin contaminación de aquí a 2050 y tiene por objeto proteger la salud y el bienestar de los ciudadanos frente a los riesgos e impactos medioambientales, garantizando al mismo tiempo una transición inclusiva, equitativa y justa que no deje a nadie atrás. Además, la Unión se ha comprometido a garantizar la plena aplicación del Reglamento (UE) 2021/1119 del Parlamento Europeo y del Consejo[(3)]y del Octavo Programa de Acción en materia de Medio Ambiente, establecido por la Decisión (UE) 2022/591 del Parlamento Europeo y del Consejo[(4)], y está comprometida con la Agenda 2030 de Naciones Unidas para el Desarrollo Sostenible y sus Objetivos de Desarrollo Sostenible.

(3) Reglamento (UE) 2021/1119 del Parlamento Europeo y del Consejo, de 30 de junio de 2021, por el que se establece el marco para lograr la neutralidad climática y se modifican los Reglamentos (CE) n.º 401/2009 y (UE) 2018/1999 («Legislación europea sobre el clima») (DO L 243 de 9.7.2021, p. 1).

(4) Decisión (UE) 2022/591 del Parlamento Europeo y del Consejo, de 6 de abril de 2022, relativa al Programa General de Acción de la Unión en materia de Medio Ambiente hasta 2030 (DO L 114 de 12.4.2022, p. 22).

2) Los gases fluorados de efecto invernadero son productos químicos de fabricación humana y constituyen gases de efecto invernadero muy fuertes, que son a menudo varios miles de veces más fuertes que el dióxido de carbono (CO_2). Junto con el CO_2, el metano y el óxido nitroso, los gases fluorados de efecto invernadero pertenecen al grupo de emisiones de gases de efecto invernadero contemplados en el Acuerdo de París aprobado en virtud de la Convención Marco de las Naciones Unidas sobre el Cambio Climático (CMNUCC) (en lo sucesivo, «Acuerdo de París»)[5]. Actualmente, las emisiones de gases fluorados de efecto invernadero representan el 2,5 % del total de las emisiones de gases de efecto invernadero en la Unión, y se han duplicado entre 1990 y 2014, al contrario que otras emisiones de gases de efecto invernadero, que han disminuido.

(5) DO L 282 de 19.10.2016, p. 4.

3) El Reglamento (UE) n.º 517/2014 del Parlamento Europeo y del Consejo[6] se adoptó para revertir el aumento de las emisiones de gases fluorados de efecto invernadero. Como se concluyó en una evaluación elaborada por la Comisión, el Reglamento (UE) n.º 517/2014 ha dado lugar a una disminución interanual de las emisiones de gases fluorados de efecto invernadero. El suministro de hidrofluorocarburos (HFC) ha disminuido un 37 % en toneladas métricas y un 47 % en términos de toneladas equivalentes de CO_2 desde 2015 hasta 2019. También se ha producido un cambio claro hacia el uso de alternativas con un menor potencial de calentamiento global (PCG), incluidas alternativas naturales (por ejemplo, aire, CO_2, amoníaco, hidrocarburos y agua) en muchos tipos de aparatos que tradicionalmente usaban gases fluorados de efecto invernadero.

(6) Reglamento (UE) n.º 517/2014 del Parlamento Europeo y del Consejo, de 16 de abril de 2014, sobre los gases fluorados de efecto invernadero y por el que se deroga el Reglamento (CE) n.º 842/2006 (DO L 150 de 20.5.2014, p. 195).

4) El Grupo Intergubernamental de Expertos sobre el Cambio Climático (IPCC, por sus siglas en inglés) concluyó en su informe especial de 2021 que sería necesario reducir las emisiones de gases fluorados de efecto invernadero hasta un 90 % de aquí a 2050 en comparación con el año 2015. En respuesta al carácter acuciante de la acción por el clima, la Unión elevó su ambición climática mediante el Reglamento (UE) 2021/1119. Dicho Reglamento establece un objetivo vinculante de la Unión de reducción interna de las emisiones netas de gases de efecto invernadero (emisiones una vez deducidas las absorciones) de al menos un 55 % con respecto a los niveles de 1990 de aquí a 2030, así como el objetivo de alcanzar la neutralidad climática en la Unión a más tardar en 2050. La Unión también ha aumentado su contribución inicial determinada a nivel nacional en el marco del Acuerdo de París de reducciones de las emisiones de gases de efecto invernadero, de al menos un 40 % de aquí a 2030 a una reducción de al menos el 55 % de dichas emisiones. Sin embargo, la evaluación del Reglamento (UE) n.º 517/2014

muestra que la reducción de emisiones prevista para 2030 en el contexto de los objetivos climáticos de la Unión obsoletos no se va a alcanzar plenamente.

5) Debido al aumento global de las emisiones de HFC, las Partes en el Protocolo de Montreal de 1987 relativo a las sustancias que agotan la capa de ozono (en lo sucesivo, «Protocolo») decidieron en 2016, en virtud de la Enmienda de Kigali al Protocolo (en lo sucesivo, «Enmienda de Kigali»), que se aprobó en nombre de la Unión mediante la Decisión (UE) 2017/1541 del Consejo[7], aplicar una reducción gradual de los HFC, es decir, reducir la producción y el consumo de HFC en más de un 80 % en los próximos treinta años. Esto implica que cada Parte debe cumplir un calendario de reducción del consumo y la producción de HFC, así como establecer un sistema de licencias para la importación y exportación y normas para la notificación relativa a los HFC. Se estima que la Enmienda de Kigali ahorrará por sí sola hasta 0,4 °C de calentamiento adicional a finales de este siglo.

(7) Decisión (UE) 2017/1541 del Consejo, de 17 de julio de 2017, relativa a la celebración, en nombre de la Unión Europea, de la Enmienda de Kigali al Protocolo de Montreal relativo a las sustancias que agotan la capa de ozono (DO L 236 de 14.9.2017, p. 1).

6) Es importante que el presente Reglamento garantice el cumplimiento a largo plazo por parte de la Unión de sus obligaciones internacionales en virtud de la Enmienda de Kigali, en particular en lo que respecta a la reducción del consumo y la producción de HFC y a la notificación y concesión de licencias, en particular mediante la introducción de una reducción gradual para la producción y la adición de medidas de reducción de la introducción en el mercado de HFC en el período posterior a 2030.

7) Algunos gases fluorados de efecto invernadero sujetos al presente Reglamento son sustancias perfluoroalquiladas y polifluoroalquiladas (PFAS) o se ha demostrado o se sospecha que se degradan en PFAS. Las PFAS son sustancias químicas que resisten a la degradación y pueden tener efectos negativos en la salud y el medio ambiente. En consonancia con el principio de cautela, las empresas deben considerar la posibilidad de utilizar alternativas, cuando existan, que sean menos perjudiciales para la salud, el medio ambiente y el clima. En 2023 se presentó a la Agencia Europea de Sustancias y Mezclas Químicas una propuesta, en virtud del Reglamento (CE) n.º 1907/2006 del Parlamento Europeo y del Consejo[8], para restringir la fabricación, introducción en el mercado y uso de PFAS, incluidos los gases fluorados de efecto invernadero. Al considerar posibles restricciones a las PFAS, la Comisión y los Estados miembros deben tener en cuenta la existencia de esas alternativas.

(8) Reglamento (CE) n.º 1907/2006 del Parlamento Europeo y del Consejo, de 18 de diciembre de 2006, relativo al registro, la evaluación, la autorización y la restricción de las sustancias y mezclas químicas (REACH), por el que se crea la Agencia Europea de Sustancias y Mezclas Químicas, se modifica la Directiva 1999/45/CE y se derogan el Reglamento (CEE) n.º 793/93 del Consejo y el Reglamento (CE) n.º 1488/94 de la Comisión, así como la Directiva 76/769/CEE del Consejo y las Directivas 91/155/CEE, 93/67/CEE, 93/105/CE y 2000/21/CE de la Comisión (DO L 396 de 30.12.2006, p. 1).

8) Para garantizar la coherencia con las obligaciones establecidas en virtud del Protocolo, el potencial calentamiento atmosférico de los HFC debe calcularse en términos del potencial de calentamiento global a 100 años de un kilogramo de gas en relación con el de un kilogramo de CO_2, sobre la base del cuarto informe de evaluación adoptado por el IPCC. En el caso de otros gases fluorados de efecto invernadero, debe utilizarse el sexto informe de evaluación del IPCC. Teniendo en cuenta la importancia de reducir rápidamente las emisiones de gases de efecto invernadero a fin de que el objetivo del Acuerdo de París de un calentamiento global de 1,5 °C siga siendo alcanzable, el potencial de calentamiento global a veinte años de los gases de efecto invernadero es cada vez más importante. En ese sentido, cuando esté disponible, debe facilitarse el potencial de calentamiento global a veinte años para informar mejor sobre los efectos climáticos de las sustancias reguladas por el presente Reglamento. La Comisión debe concienciar sobre el potencial de calentamiento global a veinte años de los gases fluorados de efecto invernadero.

9) La liberación intencionada de sustancias fluoradas a la atmósfera, cuando tal liberación sea ilícita, constituye una infracción grave del presente Reglamento y debe prohibirse expresamente. Los operadores y fabricantes de aparatos deben estar obligados a evitar las fugas de dichas sustancias en la medida de lo posible, también mediante el control de los aparatos más pertinentes para detectar fugas. Cuando la liberación de sustancias fluoradas sea técnicamente necesaria, los operadores deben adoptar todas las medidas técnica y económicamente viables para evitar la liberación de dichas sustancias a la atmósfera, también mediante la recuperación de los gases emitidos.

10) El fluoruro de sulfurilo es otro gas de efecto invernadero muy potente que puede emitirse cuando se usa para fumigación. Los operadores que usen fluoruro de sulfurilo para fumigación deben documentar el uso de las medidas de captura y recogida de ese gas o, cuando la captura no sea técnica o económicamente viable, deben especificar los motivos por los que es inviable.

11) Dado que el proceso de producción de algunos compuestos fluorados puede dar lugar a la emisión de otros gases fluorados de efecto invernadero como subproductos, dichas emisiones de subproductos deben destruirse o recuperarse para su uso posterior como condición para la introducción en el mercado de gases fluorados de efecto invernadero. Debe exigirse a los productores e importadores que documenten las medidas de mitigación adoptadas para evitar las emisiones de trifluorometano durante el proceso de producción y que proporcionen pruebas de la destrucción o la recuperación para uso posterior de dichas emisiones de subproductos, en consonancia con las mejores técnicas disponibles. Debe presentarse una declaración de conformidad en el momento de la introducción en el mercado de gases fluorados de efecto invernadero.

12) Para evitar las emisiones de sustancias fluoradas, es necesario establecer disposiciones sobre la recuperación de sustancias procedentes de productos y aparatos, así como sobre la prevención de fugas de dichas sustancias. Las espumas que contengan gases fluorados de efecto invernadero deben tratarse de conformidad con la Directiva 2012/19/UE del Parlamento Europeo y del Consejo[9]. Las obligaciones de recuperación también deben ampliarse a los propietarios de edificios y contratistas cuando eliminen determinadas espumas de los edificios, para maximizar la reducción de las emisiones. Dado que la recuperación, el reciclado y la regeneración de gases fluorados de efecto invernadero es una aplicación de los principios de la economía circular, también se introducen disposiciones sobre la recuperación de sustancias a la luz de las Comunicaciones de la Comisión, de 10 de marzo de 2020, titulada «Un nuevo modelo de industria para Europa», de 11 de marzo de 2020, titulada «Nuevo Plan de acción para la economía circular – Por una Europa más limpia y más competitiva», de 14 de octubre de 2020, titulada «Estrategia de sostenibilidad para las sustancias químicas. Hacia un entorno sin sustancias tóxicas», de 5 de mayo de 2021, titulada «Actualización del nuevo modelo de industria de 2020: Creación de un mercado único más sólido para la recuperación de Europa» y, de 12 de mayo de 2021, titulada «La senda hacia un planeta sano para todos – Plan de Acción de la UE: "Contaminación cero para el aire, el agua y el suelo"».

(9) Directiva 2012/19/UE del Parlamento Europeo y del Consejo, de 4 de julio de 2012, sobre residuos de aparatos eléctricos y electrónicos (RAEE) (DO L 197 de 24.7.2012, p. 38).

13) Los aparatos de refrigeración y congelación dependen en gran medida de los gases fluorados de efecto invernadero para su correcto funcionamiento y representan una de las categorías más pertinentes en la gestión de residuos de aparatos eléctricos y electrónicos. En consonancia con el principio de que quien contamina paga y para garantizar la correcta gestión de los residuos en relación con esos gases nocivos, es importante que las obligaciones relativas a la responsabilidad ampliada de los productores en el caso de los residuos de aparatos eléctricos y electrónicos también incluyan la gestión de los gases fluorados de efecto invernadero contenidos o usados en los residuos de aparatos eléctricos y electrónicos. La Directiva 2012/19/UE establece las obligaciones de financiación de los productores de aparatos eléctricos y electrónicos. El presente Reglamento complementa dicha Directiva al exigir la financiación de la recogida, el tratamiento, la recuperación, la eliminación respetuosa con el medio ambiente, el reciclado, la regeneración o la destrucción de los gases fluorados de efecto invernadero enumerados en los anexos I y II del presente Reglamento procedentes de productos y aparatos que contengan dichos gases o cuyo funcionamiento dependa de ellos, y que se traten de residuos de aparatos eléctricos y electrónicos.

14) Los aparatos de refrigeración y aire acondicionado contenidos en un medio de transporte presentan índices de fuga especialmente elevados debido a las vibraciones

que se producen durante el transporte. Los operadores de la mayoría de los medios de transporte deben efectuar controles de fugas o instalar sistemas de detección de fugas y recuperar los gases fluorados de efecto invernadero de dichos equipos móviles. Al igual que a los operadores de otros aparatos regulados por el presente Reglamento, debe exigirse a los operadores de aparatos de refrigeración y aire acondicionado a bordo de los buques que adopten medidas preventivas para evitar la fuga de gases fluorados de efecto invernadero y, cuando se detecte tal fuga, deben repararla sin demora indebida. Dado el carácter internacional del transporte marítimo, es importante que la Unión y sus Estados miembros, dentro de sus competencias respectivas, colaboren con terceros países para garantizar que se eviten las emisiones innecesarias de gases fluorados de efecto invernadero en ese sector, también durante la instalación, el mantenimiento o la revisión, la reparación y la recuperación de aparatos de refrigeración y aire acondicionado a bordo de los buques. Al revisar la aplicación del presente Reglamento, la Comisión debe evaluar la viabilidad de ampliar el ámbito de aplicación de las medidas de contención a los buques.

15) El Reglamento (UE) 2018/1139 del Parlamento Europeo y del Consejo[10]y sus actos de ejecución establecen normas sobre las capacidades y los conocimientos necesarios para las personas físicas que llevan a cabo actividades de mantenimiento o revisión de componentes de aeronaves. Con el fin de evitar emisiones innecesarias de gases fluorados de efecto invernadero en ese sector, también durante la instalación, el mantenimiento o la revisión, la reparación y la recuperación de aparatos de refrigeración y aire acondicionado en aeronaves, procede incluir las competencias que se requieren en el proceso regular de actualización de las especificaciones de certificación y otras especificaciones detalladas, medios aceptables de cumplimiento y documentación orientativa para la aplicación de dicho Reglamento.

(10) Reglamento (UE) 2018/1139 del Parlamento Europeo y del Consejo, de 4 de julio de 2018, sobre normas comunes en el ámbito de la aviación civil y por el que se crea una Agencia de la Unión Europea para la Seguridad Aérea y por el que se modifican los Reglamentos (CE) n.º 2111/2005, (CE) n.º 1008/2008, (UE) n.º 996/2010, (UE) n.º 376/2014 y las Directivas 2014/30/UE y 2014/53/UE del Parlamento Europeo y del Consejo y se derogan los Reglamentos (CE) n.º 552/2004 y (CE) n.º 216/2008 del Parlamento Europeo y del Consejo y el Reglamento (CEE) n.º 3922/91 del Consejo (DO L 212 de 22.8.2018, p. 1).

16) A fin de contribuir al logro de los objetivos climáticos de la Unión y para fomentar el uso de una tecnología que no tenga impacto o que tenga menos impacto en el clima, que pueda implicar el uso de sustancias tóxicas, inflamables o muy presurizadas, u otros riesgos pertinentes, los Estados miembros deben tomar las medidas apropiadas para cubrir la necesidad de personal cualificado de modo que una gran parte de las personas físicas que desempeñen actividades en las que intervengan gases fluorados de efecto invernadero y tecnologías que sustituyan o reduzcan su uso cuenten con formación y acreditación.

Dichas medidas deben incluir medidas en el sector de las bombas de calor, en el que se va a necesitar un número cada vez mayor de personal con las capacidades necesarias, entre otras cosas a la luz de los objetivos establecidos en la Comunicación de la Comisión, de 18 de mayo de 2022, sobre el «Plan REPowerEU», para instalar y revisar bombas de calor basadas en nuevas tecnologías refrigerantes a las que se aplican diferentes requisitos de seguridad y requisitos técnicos. Los Estados miembros podrían, por ejemplo, hacer uso del apoyo prestado por las asociaciones público-privadas puestas en marcha en el marco de la Agenda de Capacidades Europea para aumentar el número de personas formadas. La formación deberá incluir información sobre aspectos de eficiencia energética, alternativas a los gases fluorados de efecto invernadero y las reglamentaciones y normas técnicas aplicables. Los programas de certificación y formación establecidos en virtud del Reglamento (UE) n.º 517/2014, que pudieran integrarse en los sistemas nacionales de formación profesional, deben revisarse o adaptarse para que los técnicos puedan manejar tecnologías alternativas de forma segura. Los certificados existentes expedidos en virtud del Reglamento (UE) n.º 517/2014 deben seguir siendo válidos.

17) En mayo de 2022, la Comisión presentó el Plan REPowerEU. El Plan REPowerEU incluye el objetivo de implantar diez millones de bombas de calor hidroeléctricas de aquí a 2027 y de duplicar la tasa de despliegue de bombas de calor de aquí a 2030, lo que supondrá un despliegue adicional total de al menos treinta millones de bombas de calor de aquí a 2030. Si bien el sector de las bombas de calor va a pasar a refrigerantes con un menor PCG como resultado de las medidas previstas en el presente Reglamento, cualquier aumento del despliegue de bombas de calor, de acuerdo con REPowerEU, podría afectar a la disponibilidad de HFC en el mercado de la Unión y va a depender en parte de la adopción en el mercado de tecnología alternativa antes de la entrada en vigor de las prohibiciones de introducción en el mercado en virtud del anexo IV y del volumen de bombas de calor desplegadas que sigan necesitando gases con un mayor PCG. La Comisión debe seguir de cerca la evolución del mercado, incluida la evolución de los precios de los gases fluorados de efecto invernadero que se enumeran en el anexo I, sección 1, y evaluar al menos una vez al año si existen carencias graves que puedan poner en peligro la consecución de los objetivos de despliegue de bombas de calor de REPowerEU. Si la Comisión concluye que existe tal escasez, debe ser posible poner a disposición del sector de las bombas de calor una cuota de HFC suplementaria, además de la cuota establecida en el anexo VII.

18) Cuando se disponga de alternativas adecuadas al uso de determinados gases fluorados de efecto invernadero, debe prohibirse la introducción en el mercado de nuevos aparatos de refrigeración, aire acondicionado y protección contra incendios, que contengan gases fluorados de efecto invernadero o cuyo funcionamiento dependa de ellos, y de espumas y aerosoles técnicos que contengan gases fluorados de efecto invernadero. Con arreglo a condiciones específicas, dichas prohibiciones no deben aplicarse a las piezas necesarias

para reparar o revisar los aparatos existentes que ya se hayan instalado con el fin de garantizar que estos sigan siendo reparables y susceptibles de mantenimiento durante toda su vida útil. Cuando no haya alternativas técnicas viables o no pueda recurrirse a ellas por motivos técnicos o de seguridad, o cuando el uso de dichas alternativas pueda acarrear costes desproporcionados, la Comisión debe estar facultada para autorizar una exención que permita la introducción en el mercado de tales productos y aparatos durante un período máximo de cuatro años. Dicha exención debe poder renovarse si, tras evaluar una nueva solicitud de exención motivada, la Comisión, mediante el procedimiento de comité, llega a la conclusión de que siguen sin existir alternativas viables.

19) La Comisión debe fomentar que las organizaciones europeas de normalización elaboren y actualicen las normas armonizadas pertinentes para garantizar la aplicación sin contratiempos de las restricciones a la introducción en el mercado establecidas en el presente Reglamento. Los Estados miembros deben velar por que las normas nacionales de seguridad y los códigos de construcción se actualicen para reflejar las normas internacionales y europeas pertinentes, incluidas las normas IEC 60335-2-89 e IEC 60335-2-40 de la Comisión Electrotécnica Internacional (CEI).

20) La fabricación de inhaladores dosificadores para la administración de ingredientes farmacéuticos usa una proporción no desdeñable de todos los HFC que se consumen actualmente en la Unión. Existen opciones alternativas, como los inhaladores dosificadores que usan como propulsores gases fluorados de efecto invernadero con menor PCG, que han sido desarrolladas recientemente por la industria. El presente Reglamento incluye el sector de los inhaladores dosificadores en el sistema de cuotas de HFC, creando así un incentivo para que la industria siga avanzando hacia alternativas más limpias. Para permitir una transición sin trabas, el mecanismo de cuotas previsto para el sector de los inhaladores dosificadores garantizará una cuota completa, correspondiente a la cuota de mercado más reciente de dicho sector, para el período de 2025 a 2026, y alcanzará la tasa de reducción completa de los demás sectores comprendidos en el sistema de cuotas únicamente en 2030. Los HFC usados como propulsores en inhaladores dosificadores son esenciales para la salud de los pacientes que padecen afecciones respiratorias, como el asma y la enfermedad pulmonar obstructiva crónica. Los inhaladores dosificadores son medicamentos sujetos a evaluaciones rigurosas, incluidos estudios clínicos, a fin de garantizar la seguridad de los pacientes. La cooperación entre la Comisión, las autoridades competentes de los Estados miembros y la Agencia Europea de Medicamentos debe facilitar un proceso sencillo de aprobación de los inhaladores dosificadores que usen gases fluorados de efecto invernadero de bajo PCG y alternativas a los gases fluorados de efecto invernadero, y de ese modo asegurar la transición hacia soluciones más limpias.

21) Cuando existan alternativas técnicamente adecuadas y coherentes con la política de competencia de la Unión, debe prohibirse la puesta en funcionamiento de nueva aparamenta eléctrica con gases fluorados de efecto invernadero pertinentes. Cuando sea necesario ampliar el aparato eléctrico existente, podrán añadirse una o varias células adicionales con gases fluorados de efecto invernadero, con el mismo PCG que las células existentes, si el uso de una tecnología que use gases fluorados de efecto invernadero con un PCG inferior implica la sustitución de todo el aparato eléctrico.

22) A fin de limitar la necesidad de producir hexafluoruro de azufre (SF_6) virgen, debe aumentarse la capacidad de regeneración de SF_6 de los aparatos existentes. Sin poner en peligro el funcionamiento seguro de las redes eléctricas y las centrales eléctricas, debe evitarse el uso de SF_6 virgen en la aparamenta eléctrica cuando dicho uso sea técnicamente viable y cuando se disponga de SF_6 regenerado o reciclado.

23) Con el fin de reducir el impacto indirecto del funcionamiento de los aparatos de refrigeración, los aparatos de aire acondicionado y las bombas de calor en el clima, el consumo máximo de energía de dichos aparatos según lo establecido en las medidas de ejecución pertinentes adoptadas en virtud de la Directiva 2009/125/CE del Parlamento Europeo y del Consejo[11] debe seguir considerándose como un fundamento para eximir a determinados tipos de aparatos de la prohibición de usar gases fluorados de efecto invernadero.

(11) Directiva 2009/125/CE del Parlamento Europeo y del Consejo, de 21 de octubre de 2009, por la que se instaura un marco para el establecimiento de requisitos de diseño ecológico aplicables a los productos relacionados con la energía (DO L 285 de 31.10.2009, p. 10).

24) Deben prohibirse los recipientes no rellenables para gases fluorados de efecto invernadero, dado que, cuando dichos recipientes se vacían, una cantidad de refrigerante permanece inevitablemente en ellos, y posteriormente se libera a la atmósfera. El presente Reglamento debe prohibir su exportación, importación, introducción en el mercado, posterior suministro o puesta a disposición en el mercado, así como su uso, excepto para fines de laboratorio y análisis. A fin de garantizar que los recipientes rellenables para gases fluorados de efecto invernadero se rellenen y no se desechen, debe exigirse a las empresas que elaboren una declaración de conformidad que incluya pruebas sobre los mecanismos relativos a la devolución de los recipientes rellenables a efectos de rellenado en el momento de su introducción en el mercado.

25) A raíz de la Enmienda de Kigali, queda prohibida la exportación de HFC de Estados que sean Partes en el Protocolo a Estados que no lo sean. Dicha prohibición es un paso importante hacia la reducción progresiva de los HFC. No obstante, varias Partes en el Protocolo consideran que la prohibición es insuficiente para abordar las preocupaciones medioambientales relacionadas con la exportación de HFC. Varios países en desarrollo

que son Partes en el Protocolo han planteado el problema de la exportación desde otras Partes de aparatos de refrigeración y aire acondicionado ineficientes, que usan refrigerantes obsoletos y refrigerantes con un PCG elevado, a sus mercados, aumentando así las necesidades de servicios. Tal situación es especialmente problemática en los países en desarrollo con recursos y capacidad limitados para la contención y la recuperación, así como para los aparatos usados cuya vida útil restante prevista es breve y para los aparatos nuevos durante su uso, pero al final de su vida útil. En el marco de los esfuerzos globales de la Unión para mitigar el cambio climático, a fin de apoyar la consecución de los objetivos del Protocolo, y de conformidad con lo ya dispuesto en el Reglamento (CE) n.º 1005/2009 del Parlamento Europeo y del Consejo[12], procede prohibir la exportación de determinados aparatos usados y nuevos que contengan gases fluorados de efecto invernadero con un PCG elevado o cuyo funcionamiento dependa de ellos. Esa prohibición de exportación solo debe aplicarse en los casos en que los aparatos estén sujetos a una prohibición en virtud del anexo IV y cumplan al mismo tiempo los requisitos establecidos en el artículo 22, apartado 3.

(12) Reglamento (CE) n.º 1005/2009 del Parlamento Europeo y del Consejo, de 16 de septiembre de 2009, sobre las sustancias que agotan la capa de ozono (DO L 286 de 31.10.2009, p. 1).

26) Con el fin de facilitar el cumplimiento de las prohibiciones a la introducción en el mercado y las restricciones a los productos y aparatos que contengan gases fluorados de efecto invernadero o cuyo funcionamiento dependa de ellos, también cuando se introduzcan en el mercado en recipientes, es importante establecer los requisitos de etiquetado necesarios para dichas mercancías.

27) Cuando el desflurano se usa como anestésico por inhalación, se libera ese gas de efecto invernadero muy potente. A la luz de la existencia de alternativas menos potentes, el uso del desflurano solo debe permitirse cuando no puedan usarse alternativas por motivos médicos. Cuando se aplique la excepción para permitir su uso, debe capturarse el desflurano, al igual que todos los demás gases, y el centro sanitario debe conservar pruebas de la justificación médica.

28) Para aplicar el Protocolo, incluida la reducción gradual de las cantidades de HFC, la Comisión debe seguir asignando cuota a productores e importadores individuales para la introducción en el mercado de HFC, garantizando que no se supere el límite cuantitativo global permitido en virtud del Protocolo. La Comisión debe poder, con carácter excepcional, eximir por un período máximo de cuatro años de los requisitos de cuota a los HFC para su uso en aplicaciones específicas o en categorías específicas de productos o aparatos. Dicha exención debe poder renovarse si, tras evaluar una nueva solicitud de exención motivada, la Comisión, mediante el procedimiento de comité, concluye que siguen sin existir alternativas viables. A fin de proteger la integridad de la reducción gradual de las

cantidades de HFC introducidas en el mercado, deben computarse, a efectos del sistema de cuotas de la Unión, los HFC contenidos en aparatos.

29) Al principio, los cálculos de los valores de referencia y de la asignación de cuota a los productores e importadores individuales se basaban en las cantidades de HFC que habían sido notificadas como introducidas en el mercado durante el período de referencia comprendido entre 2009 y 2012. Sin embargo, para no excluir a las empresas de la entrada en el mercado o de la ampliación de sus actividades, una parte menor de la cantidad máxima global debe reservarse a los productores e importadores que no hayan introducido en el mercado previamente HFC y a los productores e importadores que tengan un valor de referencia y que deseen aumentar su asignación de cuotas.

30) Mediante un nuevo cálculo al menos cada tres años de los valores de referencia y de la cuota, la Comisión debe garantizar que las empresas puedan continuar sus actividades sobre la base de los volúmenes medios que hayan introducido en el mercado en los últimos años, incluyendo también a las empresas que anteriormente no tuvieran valor de referencia.

31) En nombre de la Unión, la Comisión notifica anualmente a la Secretaría del Ozono sobre la importación y exportación de hidrofluorocarburos controlados en virtud del Protocolo. Aunque los Estados miembros son responsables de la notificación de la producción y destrucción de hidrofluorocarburos, la Comisión debe proporcionar datos provisionales sobre dichas actividades para facilitar el cálculo anticipado del consumo de la Unión por parte de la Secretaría del Ozono, así como datos sobre las emisiones de HFC-23. En ausencia de notificaciones que amplíen la cláusula de organización regional de integración económica, la Comisión debe continuar esa práctica de notificación anual, garantizando al mismo tiempo que los Estados miembros dispongan de tiempo suficiente para revisar los datos provisionales proporcionados por la Comisión a fin de evitar incoherencias.

32) Teniendo en cuenta el valor de mercado de la cuota asignada, procede solicitar un precio para su asignación. Esto evita una mayor fragmentación del mercado en detrimento de las empresas que necesitan HFC y que ya dependen del comercio de HFC en el mercado en declive. Se presume que las empresas que deciden no reclamar ni pagar ninguna cuota a la que tendrían derecho en el año o los años anteriores al cálculo de los valores de referencia han decidido abandonar el mercado y, por tanto, no obtienen un nuevo valor de referencia. Parte de los ingresos deben utilizarse para cubrir los costes administrativos.

33) Para mantener la flexibilidad del mercado de HFC a granel, las empresas para las que se haya determinado un valor de referencia deben poder transferir cuota asignada sobre la base de valores de referencia a otros productores o importadores de la Unión o a otros productores o importadores representados en la Unión por un representante exclusivo.

34) La Comisión debe crear y gestionar un portal central sobre gases fluorados para gestionar la cuota de introducción en el mercado de HFC, el registro de las empresas afectadas y la notificación de todas las sustancias y todos los aparatos introducidos en el mercado, en particular cuando los aparatos estén precargados con HFC que no se hayan introducido en el mercado antes de la carga. Para garantizar que solo puedan registrarse verdaderos operadores en el portal de gases fluorados, deben establecerse condiciones específicas. Una inscripción válida en el portal sobre gases fluorados debe constituir una licencia, que es un requisito esencial en virtud del Protocolo para realizar el seguimiento del comercio de HFC e impedir las actividades ilegales a ese respecto.

35) A fin de garantizar los controles aduaneros automáticos y en tiempo real a nivel de los envíos, así como el intercambio y el almacenamiento electrónicos de información sobre todos los envíos de gases fluorados de efecto invernadero y de productos y aparatos regulados por el presente Reglamento que son presentados a las autoridades aduaneras de los Estados miembros (en lo sucesivo, «autoridades aduaneras»), es necesario interconectar el portal de gases fluorados con el entorno de ventanilla única de la Unión Europea para las aduanas (en lo sucesivo, «entorno de ventanilla única de la UE para las aduanas») establecido por el Reglamento (UE) 2022/2399 del Parlamento Europeo y del Consejo[13].

(13) Reglamento (UE) 2022/2399 del Parlamento Europeo y del Consejo, de 23 de noviembre de 2022, por el que se establece el entorno de ventanilla única de la Unión Europea para las aduanas y por el que se modifica el Reglamento (UE) n.º 952/2013 (DO L 317 de 9.12.2022, p. 1).

36) Para permitir que se realice un seguimiento de la eficacia del presente Reglamento, el ámbito de aplicación de las obligaciones de notificación debe ampliarse para incluir otras sustancias fluoradas que tengan un significativo PCG o que puedan sustituir al uso de gases fluorados de efecto invernadero. Por la misma razón, también deben notificarse la destrucción de gases fluorados de efecto invernadero y la importación en la Unión de dichos gases cuando estén contenidos en productos y aparatos. Deben establecerse umbrales de minimis para evitar toda carga administrativa desproporcionada, en particular para las microempresas y las pequeñas y medianas empresas tal y como se definen en el anexo de la Recomendación 2003/361/CE de la Comisión[14], cuando ello no dé lugar al incumplimiento del Protocolo.

(14) Recomendación 2003/361/CE de la Comisión, de 6 de mayo de 2003, sobre la definición de microempresas, pequeñas y medianas empresas (DO L 124 de 20.5.2003, p. 36).

37) Para garantizar que la notificación sobre cantidades sustanciales de sustancias es exacta y que las cantidades de HFC contenidas en aparatos precargados se contabilizan con arreglo al sistema de cuotas de la Unión, debe exigirse una verificación por terceros independientes.

38) El uso de datos coherentes y de alta calidad para la notificación de las emisiones de gases fluorados de efecto invernadero es esencial para garantizar la calidad de la notificación sobre emisiones en el marco del Acuerdo de París. El establecimiento por los Estados miembros de sistemas de notificación de emisiones de gases fluorados de efecto invernadero permitiría asegurar la coherencia con el Reglamento (UE) 2018/1999 del Parlamento Europeo y del Consejo[15]. La recogida de datos relativos a las fugas de gases fluorados de efecto invernadero de aparatos por parte de las empresas con arreglo al presente Reglamento podría servir para mejorar sustancialmente dichos sistemas de notificación de emisiones. También debe conducir a una mejor estimación de las emisiones de gases fluorados de efecto invernadero en los inventarios nacionales de gases de efecto invernadero.

(15) Reglamento (UE) 2018/1999 del Parlamento Europeo y del Consejo, de 11 de diciembre de 2018, sobre la gobernanza de la Unión de la Energía y de la Acción por el Clima, y por el que se modifican los Reglamentos (CE) n.º 663/2009 y (CE) n.º 715/2009 del Parlamento Europeo y del Consejo, las Directivas 94/22/CE, 98/70/CE, 2009/31/CE, 2009/73/CE, 2010/31/UE, 2012/27/UE y 2013/30/UE del Parlamento Europeo y del Consejo y las Directivas 2009/119/CE y (UE) 2015/652 del Consejo, y se deroga el Reglamento (UE) n.º 525/2013 del Parlamento Europeo y del Consejo (DO L 328 de 21.12.2018, p. 1).

39) Con el fin de facilitar los controles aduaneros, es importante especificar la información que debe presentarse a las autoridades aduaneras cuando se importen o exporten los gases, productos y aparatos regulados por el presente Reglamento, así como las tareas de las autoridades aduaneras y, cuando proceda, de las autoridades de vigilancia del mercado, a la hora de que estas apliquen las prohibiciones y restricciones a la importación o exportación de dichas sustancias, productos y aparatos. El Reglamento (UE) 2019/1020 del Parlamento Europeo y del Consejo[16], que establece normas sobre la vigilancia del mercado y el control de los productos que entran en el mercado de la Unión, se aplica a las sustancias, productos y aparatos regulados por el presente Reglamento en la medida en que no existan disposiciones específicas que regulen de manera más específica aspectos concretos de la vigilancia del mercado y de su cumplimiento. Cuando el presente Reglamento establezca disposiciones específicas, por ejemplo, en materia de controles aduaneros, prevalecerán dichas disposiciones más específicas, complementando así las normas establecidas en el Reglamento (UE) 2019/1020. A fin de garantizar la protección del medio ambiente, el presente Reglamento debe aplicarse a todas las formas de suministro de gases fluorados de efecto invernadero que sean objeto del presente Reglamento, incluidas las ventas a distancia a que se refiere el artículo 6 del Reglamento (UE) 2019/1020.

(16) Reglamento (UE) 2019/1020 del Parlamento Europeo y del Consejo, de 20 de junio de 2019, relativo a la vigilancia del mercado y la conformidad de los productos y por el que se modifican la Directiva 2004/42/CE y los Reglamentos (CE) n.º 765/2008 y (UE) n.º 305/2011 (DO L 169 de 25.6.2019, p. 1).

40) Las autoridades competentes de los Estados miembros deben adoptar todas las medidas necesarias, incluidos la confiscación y el decomiso, a fin de evitar la entrada ilícita en la Unión, o la salida ilícita de ella, de gases y productos o aparatos regulados por el presente Reglamento. En cualquier caso, debe prohibirse la reexportación de gases, productos o aparatos regulados por el presente Reglamento importados ilegalmente.

41) Los Estados miembros deben garantizar que el personal de las aduanas u otras personas autorizadas de conformidad con las normas nacionales que efectúen controles en virtud del presente Reglamento dispongan de los recursos y conocimientos adecuados, por ejemplo, a través de formación puesta a su disposición, y estén suficientemente equipados para hacer frente a los casos de comercio ilegal de los gases, productos y aparatos regulados por el presente Reglamento. Los Estados miembros deben designar las aduanas u otros lugares que cumplan dichas condiciones y que, por lo tanto, estén encargadas de efectuar controles aduaneros de las importaciones, las exportaciones y los casos de tránsito.

42) La cooperación y el intercambio de la información necesaria entre todas las autoridades competentes de los Estados miembros que participan en la aplicación del presente Reglamento, a saber, las autoridades aduaneras, las autoridades de vigilancia del mercado, las autoridades medioambientales y cualquier otra autoridad competente con funciones de inspección, entre los Estados miembros y con la Comisión, es sumamente importante para hacer frente a las infracciones del presente Reglamento, en particular el comercio ilegal. Debido al carácter confidencial del intercambio de información relacionada con los riesgos aduaneros, debe utilizarse a tal efecto el sistema de gestión de los riesgos aduaneros.

43) En el desempeño de las tareas que le asigna el presente Reglamento, y con miras a promover la cooperación y el intercambio adecuado de información entre las autoridades competentes y la Comisión en el caso de controles de cumplimiento y comercio ilegal de gases fluorados de efecto invernadero, la Comisión debe hacer uso de la Oficina Europea de Lucha contra el Fraude (OLAF), creada por la Decisión 1999/352/CE, CECA, Euratom de la Comisión[17]. La OLAF debe tener acceso a toda la información necesaria para facilitar el desempeño de sus funciones.

(17) Decisión 1999/352/CE, CECA, Euratom de la Comisión, de 28 de abril de 1999, por la que se crea la Oficina Europea de Lucha contra el Fraude (OLAF) (DO L 136 de 31.5.1999, p. 20).

44) La importación y exportación desde un Estado o a un Estado que no sea Parte del Protocolo de HFC, así como de productos y aparatos que contengan HFC o cuyo funcionamiento dependa de ellos debe prohibirse a partir de 2028. El Protocolo establece dicha prohibición a partir de 2033 y la finalidad de su aplicación más temprana en virtud del presente Reglamento es garantizar que las medidas mundiales de reducción de HFC de la Enmienda de Kigali aporten el beneficio previsto para el clima lo antes posible.

45) Los Estados miembros deben garantizar que el incumplimiento del presente Reglamento por las empresas sea objeto de sanciones eficaces, proporcionadas y disuasorias.

46) Los Estados miembros deben poder establecer normas sobre sanciones penales o administrativas, o ambas, para el mismo incumplimiento. Cuando los Estados miembros impongan sanciones tanto penales como administrativas por el mismo incumplimiento, dichas sanciones no deben dar lugar a una vulneración del derecho a no ser juzgado o condenado penalmente dos veces por el mismo delito (ne bis in idem), según la interpretación del Tribunal de Justicia de la Unión Europea.

47) Las autoridades competentes de los Estados miembros, incluidas las autoridades medioambientales, las autoridades de vigilancia del mercado y las autoridades aduaneras, deben efectuar controles teniendo en cuenta un enfoque basado en el riesgo a fin de garantizar el cumplimiento del presente Reglamento. Ese enfoque es necesario para abordar las actividades que representan el mayor riesgo de comercio ilegal o liberación ilícita de gases fluorados de efecto invernadero regulados por el presente Reglamento. Además, las autoridades competentes deben efectuar controles cuando estén en posesión de pruebas u otra información pertinente sobre posibles casos de incumplimiento. Cuando proceda, y en la medida de lo posible, dicha información debe comunicarse a las autoridades aduaneras para realizar un análisis de riesgos previo a los controles, de conformidad con el artículo 47 del Reglamento (UE) n.º 952/2013 del Parlamento Europeo y del Consejo[18]. Es importante garantizar que, en los casos en los que un incumplimiento del presente Reglamento haya sido declarado por las autoridades competentes, se informe a las autoridades competentes responsables de dar curso a la imposición de sanciones a fin de poder imponer la sanción adecuada cuando sea necesario.

[18] Reglamento (UE) n.º 952/2013 del Parlamento Europeo y del Consejo, de 9 de octubre de 2013, por el que se establece el código aduanero de la Unión (DO L 269 de 10.10.2013, p. 1).

48) Los denunciantes de irregularidades pueden poner en conocimiento de las autoridades competentes de los Estados miembros nueva información que pueda ayudar a estas a detectar las infracciones del presente Reglamento y permitirles imponer sanciones. Se debe garantizar la existencia de mecanismos adecuados para alentar a los denunciantes a poner en alerta a las autoridades competentes acerca de infracciones reales o posibles del presente Reglamento, y para protegerlos eficazmente frente a las represalias. A tal fin, debe establecerse que la Directiva (UE) 2019/1937 del Parlamento Europeo y del Consejo[19] sea aplicable a la denuncia de infracciones del presente Reglamento y a la protección de las personas que denuncien tales infracciones.

[19] Directiva (UE) 2019/1937 del Parlamento Europeo y del Consejo, de 23 de octubre de 2019, relativa a la protección de las personas que informen sobre infracciones del Derecho de la Unión (DO L 305 de 26.11.2019, p. 17).

49) Según jurisprudencia reiterada del Tribunal de Justicia de la Unión Europea, corresponde a los órganos jurisdiccionales de los Estados miembros garantizar la tutela judicial de los derechos conferidos a las personas por el Derecho de la Unión. Por otra parte, el artículo 19, apartado 1, del Tratado de la Unión Europea (TUE) obliga a los Estados miembros a establecer las vías de recurso necesarias para garantizar la tutela judicial efectiva en los ámbitos cubiertos por el Derecho de la Unión. A ese respecto, los Estados miembros deben garantizar que el público, incluidas las personas físicas o jurídicas, tenga acceso a la justicia en consonancia con las obligaciones que los Estados miembros han acordado en virtud del Convenio sobre el acceso a la información, la participación del público en la toma de decisiones y el acceso a la justicia en materia de medio ambiente[20], de 25 de junio de 1998(en lo sucesivo, «Convenio de Aarhus»).

(20) DO L 124 de 17.5.2005, p. 4.

50) La Comisión debe crear el denominado Foro consultivo. El Foro consultivo debe garantizar la participación equilibrada de los representantes de los Estados miembros y de las partes interesadas pertinentes, incluidas las organizaciones medioambientales, los representantes de las asociaciones de profesionales sanitarios y de pacientes y los representantes de los fabricantes, los operadores y las personas certificadas. En el Foro consultivo debe participar, cuando proceda, la Agencia Europea de Medicamentos.

51) Para aumentar la seguridad jurídica, la aplicabilidad, en virtud del presente Reglamento, de la Directiva (UE) 2019/1937 a las denuncias de infracciones del presente Reglamento y a la protección de las personas que denuncien tales infracciones debe reflejarse en la Directiva (UE) 2019/1937. Procede, por tanto, modificar el anexo del Reglamento (UE) 2019/1937 en consecuencia. Corresponde a los Estados miembros garantizar que dicha modificación se refleje en sus medidas de transposición adoptadas de conformidad con esa Directiva, aunque ni la modificación ni la adaptación de las medidas nacionales de transposición son una condición para la aplicabilidad de la Directiva (UE) 2019/1937 a la denuncia de infracciones del presente Reglamento y a la protección de las personas que denuncien tales infracciones.

52) A fin de garantizar condiciones uniformes de ejecución del presente Reglamento, deben conferirse a la Comisión competencias de ejecución en lo que respecta a:

- las pruebas que deben aportarse sobre la destrucción o recuperación de la subproducción de trifluorometano durante la producción de otras sustancias fluoradas,

- los requisitos para los controles de fugas,

- el formato, el establecimiento y el mantenimiento de los registros,

- los requisitos mínimos para los programas de certificación y las acreditaciones de formación y el formato de la notificación de los programas de certificación y formación,

- los requisitos para incluir los elementos esenciales para las medidas vinculantes que deben incluirse en la declaración de conformidad, que proporciona pruebas de que los recipientes rellenables pueden devolverse para ser rellenados,

- las exenciones limitadas en el tiempo para productos y aparatos sujetos a las prohibiciones de introducción en el mercado o la puesta en funcionamiento de aparamenta eléctrica,

- el formato de las etiquetas,

- las exenciones limitadas en el tiempo de las prohibiciones de mantenimiento o revisión sobre el uso de HFC con determinados valores de PCG en aparatos de refrigeración, aparatos de aire acondicionado y bombas de calor,

- la determinación de los derechos de producción de los productores de HFC,

- la determinación de los valores de referencia para los productores e importadores para la introducción en el mercado de HFC,

- los mecanismos pormenorizados de pago del importe adeudado,

- las medidas pormenorizadas para la declaración de conformidad de los aparatos precargados y su verificación, así como para la acreditación de los verificadores,

- el buen funcionamiento del portal de gases fluorados y su compatibilidad con el entorno de ventanilla única de la UE para las aduanas,

- las exenciones de las prohibiciones de exportación de determinados productos y aparatos,

- la autorización del comercio con entidades no incluidas en el Protocolo, y

- los detalles de la verificación de la notificación y de la acreditación de los auditores, así como el formato para la presentación de la información.

Dichas competencias deben ejercerse de conformidad con el Reglamento (UE) n.º 182/2011 del Parlamento Europeo y del Consejo[21].

(21) Reglamento (UE) n.º 182/2011 del Parlamento Europeo y del Consejo, de 16 de febrero de 2011, por el que se establecen las normas y los principios generales relativos a las modalidades de control por parte de los Estados miembros del ejercicio de las competencias de ejecución por la Comisión (DO L 55 de 28.2.2011, p. 13).

53) A fin de completar o modificar determinados elementos no esenciales del presente Reglamento, deben delegarse en la Comisión los poderes para adoptar actos con arreglo al artículo 290 del Tratado de Funcionamiento de la Unión Europea por lo que respecta a:

- el establecimiento de una lista de productos y aparatos para los que la recuperación de gases fluorados de efecto invernadero o su destrucción son técnica y económicamente viables y la especificación de la tecnología que debe aplicarse,

- los requisitos de etiquetado establecidos en el artículo 12, apartados 4 a 14, cuando proceda, en vista de la evolución comercial o tecnológica,

- la exclusión de los HFC de los requisitos de cuota de conformidad con las decisiones de las Partes en el Protocolo,

- las cantidades adeudadas para la asignación de cuotas y el mecanismo de asignación de la cuota restante con el fin de compensar la inflación,

- el anexo VII, a fin de permitir la introducción en el mercado de una cantidad de gases fluorados de efecto invernadero enumerados en el anexo I, además de la cuota establecida en el anexo VII,

- los criterios que deben tener en cuenta las autoridades competentes de los Estados miembros al efectuar los controles,

- los requisitos que deben verificarse para el seguimiento de las sustancias y de los productos y aparatos en depósito temporal o en régimen aduanero,

- metodologías de rastreo de los gases fluorados de efecto invernadero introducidos en el mercado,

- las normas aplicables al despacho a libre práctica y la exportación de los productos y aparatos importados y exportados a cualquier Estado u organización regional de integración económica,

- la actualización del potencial de calentamiento global de los gases enumerados, y

- la lista de gases de los anexos I, II y III cuando los grupos de evaluación científica creados en el marco del Protocolo o por otra autoridad de rango equivalente haya constatado que dichos gases tienen repercusiones significativas sobre el clima y cuando dichos gases se exporten, importen, produzcan o introduzcan en el mercado en cantidades significativas.

Reviste especial importancia que la Comisión lleve a cabo las consultas oportunas durante la fase preparatoria, en particular con expertos, y que esas consultas se realicen de conformidad con los principios establecidos en el Acuerdo interinstitucional de 13 de abril de 2016sobre la mejora de la legislación[22]. En particular, a fin de garantizar una participación equitativa en la preparación de los actos delegados, el Parlamento Europeo y el Consejo reciben toda la documentación al mismo tiempo que los expertos de los Estados miembros, y sus expertos tienen acceso sistemáticamente a las reuniones de los grupos de expertos de la Comisión que se ocupen de la preparación de actos delegados.

(22) DO L 123 de 12.5.2016, p. 1.

54) La protección de las personas físicas en lo que respecta al tratamiento de datos personales por los Estados miembros está regulada por el Reglamento (UE) 2016/679 del Parlamento Europeo y del Consejo[23], y la protección de las personas físicas en lo que respecta al tratamiento de datos personales por la Comisión está regulada por el Reglamento (UE) 2018/1725 del Parlamento Europeo y del Consejo[24], en particular por cuanto se refiere a los requisitos de confidencialidad y seguridad del tratamiento, la transferencia de datos personales de la Comisión a los Estados miembros, la licitud del tratamiento, y los derechos de los interesados a ser informados y a consultar y rectificar sus datos personales.

(23) Reglamento (UE) 2016/679 del Parlamento Europeo y del Consejo, de 27 de abril de 2016, relativo a la protección de las personas físicas en lo que respecta al tratamiento de datos personales y a la libre circulación de estos datos y por el que se deroga la Directiva 95/46/CE (Reglamento general de protección de datos) (DO L 119 de 4.5.2016, p. 1).

(24) Reglamento (UE) 2018/1725 del Parlamento Europeo y del Consejo, de 23 de octubre de 2018, relativo a la protección de las personas físicas en lo que respecta al tratamiento de datos personales por las instituciones, órganos y organismos de la Unión, y a la libre circulación de esos datos, y por el que se derogan el Reglamento (CE) n.º 45/2001 y la Decisión n.º 1247/2002/CE (DO L 295 de 21.11.2018, p. 39).

55) El Supervisor Europeo de Protección de Datos al que se consultó de conformidad con el artículo 42, apartado 1, del Reglamento (UE) 2018/1725, formuló sus observaciones formales el 23 de mayo de 2022.

56) Dado que los objetivos del presente Reglamento, a saber evitar emisiones adicionales de gases fluorados de efecto invernadero, y así contribuir a la consecución de los objetivos climáticos de la Unión, y garantizar el cumplimiento del Protocolo en lo que respecta a las obligaciones relacionadas con los hidrofluorocarburos, no pueden ser alcanzados de manera suficiente por los Estados miembros, sino que, debido a la naturaleza transfronteriza del problema medioambiental abordado y los efectos del presente Reglamento en el comercio interior de la Unión y el comercio exterior, pueden lograrse mejor a escala de la Unión, esta puede adoptar medidas, de acuerdo con el principio de subsidiariedad establecido en el artículo 5 del TUE. De conformidad con el principio de proporcionalidad establecido en el mismo artículo, el presente Reglamento no excede de lo necesario para alcanzar dichos objetivos.

57) El Reglamento (UE) n.º 517/2014 debe ser objeto de varias modificaciones. En aras de una mayor claridad, conviene proceder a su derogación y a su sustitución por el presente Reglamento.

HAN ADOPTADO EL PRESENTE REGLAMENTO:

CAPÍTULO I

Disposiciones generales

Artículo 1. Objeto

El presente Reglamento:

a) establece normas sobre la contención, el uso, la recuperación, el reciclado, la regeneración y la destrucción de los gases fluorados de efecto invernadero y sobre las medidas de acompañamiento conexas, como la certificación y la formación, que incluye la manipulación segura de los gases fluorados de efecto invernadero y de sustancias alternativas que no son fluoradas;

b) impone condiciones a la producción, la importación, la exportación, la introducción en el mercado, el suministro y el uso posteriores de los gases fluorados de efecto invernadero y de determinados productos y aparatos que contienen gases fluorados de efecto invernadero o cuyo funcionamiento depende de dichos gases;

c) establece condiciones a determinados usos de gases fluorados de efecto invernadero;

d) establece límites cuantitativos para la introducción en el mercado de hidrofluorocarburos;

e) establece normas sobre notificación.

Artículo 2. Ámbito de aplicación

El presente Reglamento se aplica a:

a) los gases fluorados de efecto invernadero enumerados en los anexos I, II y III (los encontrarás en a partír de la página xxx) solos o en mezcla, y

b) a los productos y aparatos, y sus partes, que contengan gases fluorados de efecto invernadero o cuyo funcionamiento dependa de ellos.

Artículo 3. Definiciones

A los efectos del presente Reglamento, se entenderá por:

1) «**potencial de calentamiento global**» o «**PCG**»: el potencial de calentamiento climático de un gas de efecto invernadero respecto al del dióxido de carbono (CO_2), calculado en términos de potencial de calentamiento mundial a lo largo de 100 años, a menos que se especifique lo contrario, de un kilogramo de gas de efecto invernadero respecto al de un kilogramo de CO_2, según lo dispuesto en los anexos I, II, III y VI, o, por lo que respecta a las mezclas, calculado según lo dispuesto en el anexo VI;

2) «**mezcla**»: una sustancia compuesta de dos o más sustancias, de las cuales al menos una es una sustancia enumerada en los anexos I, II o III;

3) «**tonelada equivalente de CO_2**»: la cantidad de gases de efecto invernadero, expresada como el producto del peso de los gases de efecto invernadero en toneladas métricas por su potencial de calentamiento global;

4) «**hidrofluorocarburos**» o «**HFC**»: las sustancias enumeradas en el anexo I, sección 1, o las mezclas que contengan alguna de esas sustancias;

5) «**operador**»: la empresa que ejerce un poder real sobre el funcionamiento técnico de los productos, aparatos o instalaciones regulados por el presente Reglamento o el propietario, cuando un Estado miembro lo haya designado como responsable de las obligaciones del operador en determinados casos;

6) «**introducción en el mercado**»: el despacho a libre práctica en la Unión o el suministro o puesta a disposición de otra persona en la Unión, por primera vez, previo pago o a título gratuito, o el uso de sustancias producidas o de productos o aparatos fabricados para el propio uso;

7) «**importación**»: la entrada de sustancias, productos y aparatos en el territorio aduanero de la Unión en la medida en que dicho territorio está cubierto por una ratificación del Protocolo de Montreal de 1987 relativo a las sustancias que agotan la capa de ozono (en lo sucesivo, «Protocolo»), e incluya el depósito temporal y los regímenes aduaneros a que se refieren los artículos 201 y 210 del Reglamento (UE) n.° 952/2013;

8) «**exportación**»: la salida de sustancias, productos y aparatos del territorio aduanero de la Unión, en la medida en que dicho territorio esté cubierto por una ratificación del Protocolo;

9) «**aparato sellado herméticamente**»: un aparato en el que todas las partes que contienen gases fluorados de efecto invernadero se hacen estancas durante su proceso de fabricación en las instalaciones del fabricante mediante soldaduras, abrazaderas o una conexión permanente similar, que puede incluir válvulas tapadas o puertos de servicio con tapón que permitan una reparación o eliminación adecuadas, y cuyas juntas del sistema sellado tienen un índice de fugas, determinado mediante ensayo, inferior a 3 gramos al año bajo una presión equivalente al menos a una cuarta parte de la presión máxima admisible;

10) «**recipiente**»: un receptáculo diseñado principalmente para transportar o almacenar gases fluorados de efecto invernadero;

11) «**recuperación**»: la recogida y el almacenamiento de gases fluorados de efecto invernadero procedentes de recipientes, productos y aparatos durante el mantenimiento o la revisión o antes de la eliminación de los recipientes, productos o aparatos;

12) «**reciclado**»: el nuevo uso de gases fluorados de efecto invernadero tras un procedimiento básico de limpieza, incluidos el filtrado y el secado;

13) «**regeneración**»: el nuevo tratamiento de un gas fluorado de efecto invernadero recuperado para que presente un comportamiento equivalente al de una sustancia virgen, teniendo en cuenta su uso previsto, en centros de regeneración autorizados que cuenten con los equipos y procedimientos adecuados para hacer posible la regeneración de dichos gases y que puedan evaluar y acreditar el nivel de calidad exigido;

14) «**destrucción**»: el proceso de transformación o descomposición, permanentemente y de la forma más completa posible, de un gas fluorado de efecto invernadero en una o más sustancias estables que no sean gases fluorados de efecto invernadero;

15) «**desmantelamiento**»: la retirada permanente del funcionamiento o de la utilización de un producto o aparato que contenga gases fluorados de efecto invernadero, incluido el cierre definitivo de una instalación;

16) «**reparación**»: la restauración de productos o aparatos dañados o con fugas que contengan gases fluorados de efecto invernadero o cuyo funcionamiento dependa de ellos, que incluyan una parte que contenga o se haya diseñado para contener dichos gases;

17) «**instalación**»: el proceso de unión de al menos dos partes de aparato o de circuitos que contengan o se hayan diseñado para contener gases fluorados de efecto invernadero con el fin de montar un sistema en su lugar de funcionamiento, que implique unir conductos de gas de un sistema a fin de completar un circuito, independientemente de que sea necesario o no cargar el sistema tras el montaje;

18) «**mantenimiento o revisión**»: todas las actividades, excepto la recuperación con arreglo al artículo 8 y el control de fugas con arreglo al artículo 4 y al artículo 10, apartado 1, párrafo primero, letra b), que supongan acceder a los circuitos u otras partes que contengan, o se hayan diseñado para contener, gases fluorados de efecto invernadero, suministrar al sistema gases fluorados de efecto invernadero, retirar una o varias partes del circuito o aparato, volver a montar dos o más partes del circuito o aparato, así como reparar fugas, o añadir gases fluorados de efecto invernadero;

19) «**sustancia virgen**»: la sustancia que no ha sido usada previamente;

20) «**fijo**»: que normalmente no se encuentra en tránsito durante su funcionamiento, incluidos los aparatos de aire acondicionado para espacios cerrados que pueden ser desplazados de una habitación a otra;

21) «**móvil**»: que se encuentra normalmente en tránsito durante su funcionamiento;

22) «**espuma monocomponente**»: una composición espumosa contenida en un único difusor de aerosol, en estado líquido, sin reaccionar o habiendo reaccionado solo parcialmente, y que se expande y endurece cuando sale del difusor;

23) «**camión frigorífico**»: el vehículo de motor con una masa superior a 3,5 toneladas, diseñado y construido principalmente para el transporte de mercancías y equipado con una unidad refrigeradora;

24) «**remolque frigorífico**»: el vehículo diseñado y construido para ser remolcado por un vehículo de carretera o un tractor, destinado principalmente al transporte de mercancías y equipado con una unidad refrigeradora;

25) «**vehículo ligero frigorífico**»: el vehículo de motor con una masa igual o inferior a 3,5 toneladas, diseñado y construido principalmente para el transporte de mercancías y equipado con una unidad refrigeradora;

26) «**sistema de detección de fugas**»: el dispositivo calibrado mecánico, eléctrico o electrónico para la detección de fugas de gases fluorados de efecto invernadero que, en caso de detección, alerte al operador;

27) «**empresa**»: toda persona física o jurídica que realice una de las actividades contempladas en el presente Reglamento;

28) «**materia prima**»: todo gas fluorado de efecto invernadero enumerado en los anexos I o II que experimente una transformación química en un proceso que cambie completamente su composición original y cuyas emisiones sean insignificantes;

29) «**uso comercial**»: el uso a efectos de almacenamiento, exposición o distribución de productos, para su venta a usuarios finales, en venta al por menor y servicios alimentarios;

30) «**aparato de protección contra incendios**»: los aparatos y sistemas utilizados en dispositivos de prevención o extinción de incendios, incluidos los extintores;

31) «**ciclo Rankine con fluido orgánico**»: un ciclo que contiene sustancias condensables que convierten el calor de una fuente de calor en potencia para la generación de energía eléctrica o mecánica;

32) «**equipo militar**»: las armas, municiones y material destinados específicamente a fines militares que resulten necesarios para la protección de intereses fundamentales de seguridad de los Estados miembros;

33) «**aparamenta eléctrica**»: los dispositivos de conexión y la combinación de dichos dispositivos con los aparatos asociados de mando, medida, protección y regulación, así como conjuntos de dichos dispositivos y aparatos con las conexiones, accesorios, envolventes y soportes correspondientes, destinados a su uso en la generación, el transporte, la distribución y la conversión de energía eléctrica;

34) «**centrales frigoríficas multicompresor compactas**»: los sistemas con dos o más compresores que funcionan en paralelo y están conectados a uno o varios condensadores comunes y a un cierto número de dispositivos de refrigeración, como expositores, muebles frigoríficos o congeladores, o a cámaras frigoríficas de conservación;

35) «**circuito refrigerante primario de sistemas en cascada**»: el circuito primario de sistemas indirectos de temperatura media en los que la combinación de dos o más circuitos separados de refrigeración se conecta en series de modo que el circuito primario absorbe el calor del condensador del circuito secundario para la temperatura media;

36) «**uso**»: en relación con los gases fluorados de efecto invernadero, su utilización en la producción, el mantenimiento o la revisión de productos y aparatos, incluido su relleno, o en otras actividades y procesos a que se hace referencia en el presente Reglamento;

A partir de la siguiente definición son términos nuevos incluidos en el presente Reglamento.

37) «**establecimiento en la Unión**»: en relación con una persona física, el hecho de que dicha persona tenga su residencia habitual en la Unión, y en relación con una persona jurídica, el hecho de que dicha persona tenga en la Unión un establecimiento comercial permanente a que se refiere el artículo 5, punto 32, del Reglamento (UE) n.º 952/2013;

38) «**autónomo**»: un sistema de fábrica completo que se encuentra en un armazón o caja adecuados, se fabrica y transporta completo, o en dos o más secciones, puede contener válvulas de aislamiento, y en el que no se conecta in situ ninguna parte que contenga gas;

39) «**sistema partido**»: un sistema que consiste en varias unidades con conductos de refrigerante que constituyen una unidad separada, pero interconectada, que requiere la instalación y la conexión de componentes del circuito de refrigerante en el lugar de uso;

40) «**aire acondicionado**»: el proceso de tratamiento del aire para cumplir los requisitos de un espacio acondicionado controlando su temperatura, humedad, limpieza o distribución;

41) «**bomba de calor**»: una parte de aparato capaz de utilizar el calor ambiente o el calor

residual de fuentes de la atmósfera, del agua o del suelo para producir calor o frío, y que se basa en la interconexión de uno o varios componentes que forman un circuito de refrigeración cerrado en el que un refrigerante circula para extraer y liberar calor;

42) «**requisitos de seguridad**»: los requisitos relativos a la seguridad del uso de gases fluorados de efecto invernadero y refrigerantes naturales o de productos y aparatos que los contengan o dependan de ellos, por los que se prohíbe el uso de determinados gases fluorados de efecto invernadero o sus alternativas, incluido cuando estén contenidos en un producto o aparato en un lugar específico de utilización prevista debido a las especificidades del emplazamiento y de la aplicación que se establecen en:

a) el Derecho de la Unión o nacional, o

b) un acto jurídicamente no vinculante que contenga documentación técnica o normas que deban aplicarse para garantizar la seguridad en el lugar específico, siempre que sean conformes con el Derecho de la Unión o nacional pertinente;

43) «**refrigeración**»: el proceso de mantenimiento o disminución de la temperatura de un producto, sustancia, sistema u otro elemento;

44) «**enfriador**»: un sistema único cuya función principal es enfriar un fluido transmisor térmico, como agua, glicol, salmuera o CO_2, con fines de refrigeración, tratamiento, conservación o confort;

45) «**panel de espuma**»: una estructura compuesta por capas que contienen una espuma y un material rígido, como madera o metal, unidos a una o a las dos caras;

46) «**placa laminada**»: una placa de espuma recubierta por una capa fina de un material no rígido, como el plástico.

CAPÍTULO II

Contención

Artículo 4. Prevención de emisiones

1. Se prohibirá la liberación intencionada de los gases fluorados de efecto invernadero a la atmósfera cuando la liberación no sea técnicamente necesaria para el uso previsto.

Si la liberación intencionada es técnicamente necesaria para el uso previsto, los operadores de aparatos que contengan gases fluorados de efecto invernadero o de instalaciones en las que se usen gases fluorados de efecto invernadero adoptarán todas las medidas técnica y económicamente viables para evitar, en la medida de lo posible, su liberación a la atmósfera, incluida la recuperación de los gases emitidos.

2. En el caso de la fumigación con fluoruro de sulfurilo, los operadores documentarán el uso de las medidas de captura y recogida o especificarán las razones por las que las medidas de captura y recogida no eran técnica o económicamente viables. Los operadores conservarán las pruebas justificativas durante cinco años y las pondrán a disposición de las autoridades competentes del Estado miembro interesado o de la Comisión, previa solicitud.

3. Los operadores y fabricantes de aparatos que contengan gases fluorados de efecto invernadero o los operadores de instalaciones en las que se usen gases fluorados de efecto invernadero, así como las empresas que se hallen en posesión de dichos aparatos durante su transporte o almacenamiento, tomarán todas las precauciones necesarias para evitar la liberación involuntaria de tales gases. Adoptarán todas las medidas técnica y económicamente viables para minimizar las fugas de los gases.

4. Durante la producción, el almacenamiento, el transporte y la transferencia de gases fluorados de efecto invernadero de un recipiente o sistema a otro o a un aparato o instalación, la empresa de que se trate tomará todas las precauciones necesarias para limitar en la mayor medida posible la liberación de gases fluorados de efecto invernadero. El presente apartado también se aplicará cuando los gases fluorados de efecto invernadero se produzcan como subproductos.

5. Cuando se detecte una fuga de gases fluorados de efecto invernadero, los operadores y los fabricantes de aparatos y los operadores de instalaciones en los que se usen gases fluorados de efecto invernadero y las empresas que se hallen en posesión de dichos aparatos durante su transporte o almacenamiento se asegurarán de que el aparato o instalación en el que se usen gases fluorados de efecto invernadero se repare sin demora indebida.

Cuando un aparato esté sujeto a control de fugas según lo dispuesto en el artículo 5, apartado 1, y se haya reparado una fuga en el aparato, los operadores del aparato garantizarán que una persona física que esté certificada de conformidad al artículo 10 revise el aparato lo antes posible después de que haya transcurrido un tiempo de funcionamiento de veinticuatro horas y a más tardar un mes tras la reparación, a fin de verificar que esta ha sido efectiva. En el caso de los equipos móviles enumerados en el artículo 5, apartado 3, letras a), b) y c), podrá efectuarse un control de fugas inmediatamente después de una reparación.

6. Sin perjuicio de lo dispuesto en el artículo 11, apartado 1, párrafo primero, se prohibirá la introducción en el mercado de gases fluorados de efecto invernadero, a menos que los productores o importadores aporten pruebas a la autoridad competente de un Estado miembro, en el momento de dicha introducción en el mercado, de que todo

trifluorometano producido como subproducto durante el proceso de producción de los gases fluorados de efecto invernadero, incluido durante la producción de materias primas para la producción de dichos gases, ha sido destruido o recuperado para su uso posterior, utilizando las mejores técnicas disponibles.

A efectos de aportar tales pruebas, los productores e importadores elaborarán una declaración de conformidad que irá acompañada de documentación justificativa que:

a) establezca el origen de los gases fluorados de efecto invernadero que vayan a introducirse en el mercado;

b) identifique la instalación de producción de origen de los gases fluorados de efecto invernadero que vayan a introducirse en el mercado, incluida la identificación de las instalaciones de origen de toda sustancia precursora que conlleve la generación de clorodifluorometano (R-22) como parte del proceso de producción de los gases fluorados de efecto invernadero que vayan a introducirse en el mercado;

c) demuestre la disponibilidad y el funcionamiento de una tecnología de reducción de la contaminación en las instalaciones de origen equivalente a la metodología de referencia AM0001 aprobada por la CMNUCC para la incineración de los flujos de residuos de trifluorometano o demuestre una metodología de captura y destrucción que garantice que las emisiones de trifluorometano se destruyen de conformidad con los requisitos que establece el Protocolo;

d) aporte cualquier información adicional que facilite el seguimiento de los gases fluorados de efecto invernadero antes de su importación.

Los productores e importadores conservarán la declaración de conformidad y la documentación justificativa durante un período mínimo de cinco años a partir de la introducción en el mercado y las pondrán, previa solicitud, a disposición de la autoridad competente del Estado miembro interesado o de la Comisión.

La Comisión podrá determinar, mediante actos de ejecución, las medidas pormenorizadas sobre la declaración de conformidad y la documentación justificativa a que se refiere el párrafo segundo. Dichos actos de ejecución se adoptarán de conformidad con el procedimiento de examen a que se refiere el artículo 34, apartado 2.

7. Las personas físicas que realicen las actividades mencionadas en el artículo 10, apartado 1, párrafo primero, letras a), b) y c), estarán certificadas de conformidad con el artículo 10 y adoptarán medidas preventivas para evitar la fuga de los gases fluorados de efecto invernadero enumerados en los anexos I y II y, cuando se usen gases fluorados de efecto invernadero en aparamenta eléctrica, también en el anexo III.

Las personas jurídicas que realicen la instalación, el mantenimiento o revisión, la reparación o el desmantelamiento de los aparatos enumerados en el artículo 5, apartado 2, letras a) a e), y el artículo 5, apartado 3, letras a) y b), estarán certificadas de conformidad con el artículo 10 y adoptarán medidas preventivas para evitar la fuga de los gases fluorados de efecto invernadero enumerados en el anexo I y el anexo II, sección 1.

Las personas físicas que realicen el mantenimiento o revisión y la reparación de aparatos de aire acondicionado que contienen gases fluorados de efecto invernadero en vehículos de motor que entren en el ámbito de aplicación de la Directiva 2006/40/CE del Parlamento Europeo y del Consejo[25] y de los equipos móviles enumerados en el artículo 5, apartado 3, letra c), del presente Reglamento deberán estar en posesión, como mínimo, de una acreditación de formación de conformidad con el artículo 10, apartado 1, párrafo segundo, del presente Reglamento.

(25) Directiva 2006/40/CE del Parlamento Europeo y del Consejo, de 17 de mayo de 2006, relativa a las emisiones procedentes de sistemas de aire acondicionado en vehículos de motor y por la que se modifica la Directiva 70/156/CEE del Consejo (DO L 161 de 14.6.2006, p. 12).

Artículo 5. Control de fugas

1. Los operadores y los fabricantes de aparatos que contengan al menos 5 toneladas equivalentes de CO_2 de gases fluorados de efecto invernadero enumerados en el anexo I o al menos 1 kilogramo de gases fluorados de efecto invernadero enumerados en el anexo II, sección 1, no contenidos en espumas, garantizarán que dichos aparatos se sometan a controles de fugas.

Los aparatos sellados herméticamente no estarán sujetos a control de fugas, siempre que estén etiquetados como aparatos sellados herméticamente y cumplan una de las condiciones siguientes:

a) que contengan menos de 10 toneladas equivalentes de CO_2 de gases fluorados de efecto invernadero enumerados en el anexo I, o

b) que contengan menos de 2 kilogramos de gases fluorados de efecto invernadero enumerados en el anexo II, sección 1.

Como excepción a lo dispuesto en el párrafo segundo, cuando se instalen aparatos sellados herméticamente en edificios residenciales, dichos aparatos no estarán sujetos a control de fugas cuando contengan menos de 3 kilogramos de gases fluorados de efecto invernadero, siempre que estén etiquetados como sellados herméticamente.

La aparamenta eléctrica no estará sujeta a control de fugas, siempre que cumpla una de las condiciones siguientes:

a) que presente un índice de fugas, determinado mediante ensayo, inferior a un 0,1 % al año, según la especificación técnica del fabricante, y esté etiquetada en consecuencia;

b) que esté equipada de un dispositivo de control de la presión o la densidad con un sistema de alerta automática durante su funcionamiento;

c) que contenga menos de 6 kilogramos de gases fluorados de efecto invernadero enumerados en el anexo I.

2. El apartado 1 se aplicará a los operadores y a los fabricantes de los siguientes aparatos fijos que contengan gases fluorados de efecto invernadero enumerados en el anexo I o en el anexo II, sección 1:

a) aparatos de refrigeración;

b) aparatos de aire acondicionado;

c) bombas de calor;

d) aparatos de protección contra incendios;

e) ciclos Rankine con fluido orgánico;

f) aparamenta eléctrica.

3. El apartado 1 se aplicará a los operadores y a los fabricantes de los siguientes equipos móviles que contengan gases fluorados de efecto invernadero enumerados en el anexo I o en el anexo II, sección 1:

a) unidades de refrigeración de camiones frigoríficos y remolques frigoríficos;

b) unidades de refrigeración de los vehículos ligeros frigoríficos y los recipientes intermodales, incluidos los buques frigoríficos y los vagones de tren;

c) aparatos de aire acondicionado y bombas de calor en vehículos pesados, furgonetas, maquinaria móvil no de carretera utilizada en la agricultura, actividades mineras y de construcción, trenes, metros, tranvías y aeronaves.

Por lo que respecta a los aparatos a que se refiere el apartado 2, letras a) a e), y las letras a) y b) del presente apartado, los controles los efectuarán personas físicas certificadas con arreglo al artículo 10.

4. Por lo que respecta a los equipos móviles a que se refiere el apartado 3, letra c), los controles los efectuarán personas físicas que estén en posesión, como mínimo, de una acreditación de formación de conformidad con el artículo 10, apartado 1, párrafo segundo.

5. Los apartados 1 y 6 no se aplicarán a los operadores de equipos móviles a que se refiere el apartado 3, letras b) y c), hasta el 12 de marzo de 2027.

6. Los controles de fugas contemplados en el apartado 1 se efectuarán con las frecuencias siguientes:

a) en el caso de los aparatos que contengan menos de 50 toneladas equivalentes de CO_2 de gases fluorados de efecto invernadero enumerados en el anexo I o menos de 10 kilogramos de gases fluorados de efecto invernadero enumerados en el anexo II, sección 1: al menos cada doce meses; o, cuando se instale un sistema de detección de fugas en dichos aparatos, al menos cada veinticuatro meses;

b) en el caso de los aparatos que contengan al menos 50 toneladas equivalentes de CO_2, pero menos de 500 toneladas equivalentes de CO_2 de gases fluorados de efecto invernadero enumerados en el anexo I o al menos 10 kilogramos, pero menos de 100 kilogramos de gases fluorados de efecto invernadero enumerados en el anexo II, sección 1: al menos cada seis meses o, si se instala un sistema de detección de fugas en dichos aparatos, al menos cada doce meses;

c) en el caso de los aparatos que contengan al menos 500 toneladas equivalentes de CO_2 de gases fluorados de efecto invernadero enumerados en el anexo I o al menos 100 kilogramos de gases fluorados de efecto invernadero enumerados en el anexo II, sección 1: al menos cada tres meses o, si se instala un sistema de detección de fugas en dichos aparatos, al menos cada seis meses.

7. Se considerará que se cumplen las obligaciones establecidas en el apartado 1, en relación con los aparatos de protección contra incendios a que se refiere el apartado 2, letra d), siempre que se satisfagan las condiciones siguientes:

a) que el régimen de inspecciones implantado cumpla la norma ISO 14520 o la norma EN 15004, así como

b) que el aparato de protección contra incendios se inspeccione con la frecuencia requerida en el apartado 6.

Se considerará que se cumplen las obligaciones establecidas en el apartado 1 para los equipos móviles de aire acondicionado y las bombas de calor a que se refiere el apartado 3, letra c), siempre que los equipos móviles de aire acondicionado y las bombas de calor estén sujetos a un régimen de inspección periódica que incluya controles de fugas.

8. La Comisión podrá especificar, mediante actos de ejecución, los requisitos de los controles de fugas que deben efectuarse de conformidad con el apartado 1 para cada tipo de aparato mencionado en los apartados 2 y 3 e identificar las partes del aparato con mayor probabilidad de fuga. Dichos actos de ejecución se adoptarán de conformidad con el procedimiento de examen a que se refiere el artículo 34, apartado 2.

Artículo 6. Sistemas de detección de fugas

1. Los operadores de los aparatos fijos enumerados en el artículo 5, apartado 2, letras a) a d), que contengan gases fluorados de efecto invernadero enumerados en el anexo I en cantidad igual o superior a 500 toneladas equivalentes de CO_2 o gases enumerados en el anexo II, sección 1, en cantidad igual o superior a 100 kilogramos, garantizarán que el aparato cuente con un sistema de detección de fugas que alerte al operador o a una empresa de mantenimiento de toda fuga.

2. Los operadores de los aparatos fijos enumerados en el artículo 5, apartado 2, letras e) y f), y que contengan gases fluorados de efecto invernadero enumerados en el anexo I en cantidad igual o superior a 500 toneladas equivalentes de CO_2 y hayan sido instalados a partir del 1 de enero de 2017, garantizarán que el aparato cuente con un sistema de detección de fugas que alerte al operador o a una empresa de mantenimiento de toda fuga.

3. Los operadores de los aparatos fijos enumerados en el artículo 5, apartado 2, letras a) a e), que estén sujetos a los apartados 1 o 2 del presente artículo garantizarán que dichos sistemas de detección de fugas sean objeto de control al menos cada doce meses para garantizar su funcionamiento adecuado.

4. Los operadores de los aparatos fijos enumerados en el artículo 5, apartado 2, letra f), que estén sujetos al apartado 2 del presente artículo garantizarán que dichos sistemas de detección de fugas sean objeto de control al menos cada seis años para garantizar su funcionamiento adecuado.

Artículo 7. Conservación de registros

1. Los operadores de aquellos aparatos que estén sujetos a control de fugas con arreglo al artículo 5, apartado 1, establecerán y conservarán respecto a cada parte de dichos aparatos un registro que especifique los datos siguientes:

a) la cantidad y el tipo de los gases contenidos en los aparatos, indicando por separado, en su caso, la cantidad añadida durante la instalación;

b) las cantidades de gases que se hayan añadido durante el mantenimiento o la revisión o que se deban a fugas, incluida la fecha de tal adición;

c) la cantidad de gases recuperados;

d) cuando se hayan añadido gases, las cantidades y el tipo de dichos gases y si estos han sido reciclados o regenerados, así como el nombre y la dirección en la Unión del centro de reciclado o regeneración y, en su caso, el número de certificado;

e) la identidad de la empresa que haya instalado, revisado, efectuado el mantenimiento y, en su caso, las recuperaciones, las reparaciones, el control de fugas o el desmantelamiento de los aparatos, incluyendo, en su caso, el número de su certificado y, si la empresa encargada de realizar esas operaciones es una persona jurídica, también tanto los datos identificativos de la empresa como de la persona física que realice las operaciones;

f) las fechas y los resultados de los controles efectuados en virtud del artículo 5, apartado 1, así como las fechas y los resultados de cualquier reparación de fugas;

g) si los aparatos se han desmantelado, las medidas tomadas para recuperar y eliminar los gases.

2. A menos que los registros a que se refiere el apartado 1 se almacenen en una base de datos creada por las autoridades competentes de los Estados miembros, se aplicará lo siguiente:

a) los operadores a que se refiere el apartado 1 conservarán los registros a que se refiere dicho apartado durante al menos cinco años;

b) las empresas que realicen las actividades mencionadas en el apartado 1, letra e), por cuenta de los operadores conservarán copia de los registros a que se refiere el apartado 1 durante al menos cinco años.

La autoridad competente del Estado miembro interesado o la Comisión podrán acceder, previa solicitud, a los registros a que se refiere el apartado 1.

3. A efectos de lo dispuesto en el artículo 11, apartado 6, las empresas que suministren gases fluorados de efecto invernadero enumerados en el anexo I o en el anexo II, sección 1, establecerán registros con la información pertinente sobre los compradores de esos gases fluorados de efecto invernadero, en la que se incluirán los datos siguientes:

a) el número de certificado de cada comprador;

b) las respectivas cantidades compradas de los gases.

Las empresas que suministren los gases conservarán dichos registros durante al menos cinco años y pondrán dichos registros a disposición de la autoridad competente del Estado miembro interesada o de la Comisión, previa solicitud.

4. A efectos del artículo 11, apartado 7, las empresas que vendan aparatos no sellados herméticamente cargados con gases fluorados de efecto invernadero enumerados en el anexo I y en el anexo II, sección 1, conservarán registros de los aparatos vendidos y de las empresas certificadas que realicen la instalación. Las empresas que vendan los aparatos a

que se refiere el artículo 11, apartado 7, conservarán los registros durante un mínimo de cinco años y los pondrán a disposición de la autoridad competente del Estado miembro interesado, previa solicitud.

5. Las empresas que produzcan, también como subproductos, introduzcan en el mercado, suministren o reciban sustancias enumeradas en el anexo I, sección 1, destinadas a los usos exentos a que se refiere el artículo 16, apartado 2, llevarán registros que contengan, como mínimo, la siguiente información, según proceda:

a) nombre de la de sustancia o mezcla que contiene dicha sustancia;

b) la cantidad producida, importada, exportada, regenerada o destruida durante el año natural de que se trate;

c) la cantidad suministrada y recibida durante el año natural de que se trate, por suministrador o receptor individual;

d) nombres y datos de contacto de los suministradores o receptores;

e) cantidad usada durante el año natural de que se trate, especificando su uso real, y

f) la cantidad almacenada el 1 de enero y el 31 de diciembre del año natural de que se trate.

Las empresas conservarán los registros a que se refiere el párrafo primero durante al menos los cinco años posteriores a la producción, la introducción en el mercado, el suministro o la recepción, y los pondrán a disposición de las autoridades competentes del Estado miembro interesado o de la Comisión, previa solicitud. Dichas autoridades competentes y la Comisión garantizarán la confidencialidad de la información contenida en dichos registros.

6. La Comisión podrá determinar, mediante un acto de ejecución, el formato de los registros a que se refieren los apartados 1, 3, 4 y 5 y especificar cómo deben establecerse y conservarse. Dicho acto de ejecución se adoptará de conformidad con el procedimiento de examen a que se refiere el artículo 34, apartado 2.

Artículo 8. Recuperación y destrucción

1. Los operadores de aparatos que contengan gases fluorados de efecto invernadero no contenidos en espumas garantizarán que dichas sustancias se recuperen y, tras el desmantelamiento de los aparatos, se reciclen, regeneren o destruyan.

La recuperación de dichas sustancias será realizada por personas físicas que estén en posesión de los certificados pertinentes previstos en el artículo 10.

2. La obligación establecida en el apartado 1 se aplicará a los operadores de cualquiera de los aparatos fijos siguientes:

a) circuitos de refrigeración de los aparatos de refrigeración, aire acondicionado y bombas de calor;

b) aparatos que contengan disolventes a base de gases fluorados de efecto invernadero;

c) aparatos de protección contra incendios;

d) aparamenta eléctrica.

3. La obligación establecida en el apartado 1 se aplicará a los operadores de cualquiera de los equipos móviles siguientes:

a) circuitos de refrigeración de las unidades de refrigeración de camiones y remolques frigoríficos;

b) los circuitos de refrigeración de las unidades de refrigeración de los vehículos ligeros frigoríficos y los recipientes intermodales, incluidos los buques frigoríficos y los vagones de tren;

c) circuitos de refrigeración de aparatos de aire acondicionado y bombas de calor en vehículos pesados, furgonetas, maquinaria móvil no de carretera utilizada en la agricultura, actividades mineras y de construcción, trenes, metros, tranvías y aeronaves.

4. Para la recuperación de gases fluorados de efecto invernadero procedentes de aparatos de aire acondicionado en vehículos de motor que entren en el ámbito de aplicación de la Directiva 2006/40/CE y procedentes de los equipos móviles a que se refiere el apartado 3, letras b) y c), únicamente se considerarán debidamente cualificadas las personas físicas que posean al menos una acreditación de formación de conformidad con el artículo 10, apartado 1, párrafo segundo, del presente Reglamento.

5. La obligación establecida en el apartado 1 se aplicará a los operadores de equipos móviles en virtud del apartado 3, letras b) y c), a partir del 12 de marzo de 2027.

6. Los gases fluorados de efecto invernadero enumerados en el anexo I y en el anexo II, sección 1, recuperados no se usarán para la carga o el rellenado de aparatos a menos que el gas haya sido reciclado o regenerado.

7. La empresa que utilice un recipiente que contenga gases fluorados de efecto invernadero enumerados en el anexo I y en el anexo II, sección 1, dispondrá, justo antes de eliminar dicho recipiente, lo necesario para la recuperación de los eventuales gases residuales con el fin de garantizar su reciclado, regeneración o destrucción.

8. A partir del 1 de enero de 2025, los propietarios y contratistas de edificios garantizarán que, durante las actividades de renovación, reforma o demolición que impliquen la eliminación de paneles de espuma que contengan espumas con gases fluorados de efecto invernadero enumerados en el anexo I y en el anexo II, sección 1, se eviten las emisiones en la medida de lo posible mediante la manipulación de las espumas o los gases contenidos en ellas de manera que se garantice la destrucción de dichos gases. En caso de recuperación de dichos gases, la realizarán únicamente personas físicas debidamente cualificadas.

9. A partir del 1 de enero de 2025, los propietarios y contratistas de edificios garantizarán que, durante las actividades de renovación, reforma o demolición que impliquen la eliminación de espumas de los tableros laminados instalados en cavidades o estructuras edificadas que contengan gases fluorados de efecto invernadero enumerados en el anexo I y en el anexo II, sección 1, se eviten las emisiones en la medida de lo posible, mediante la manipulación de las espumas o los gases contenidos en ellas de manera que se garantice la destrucción de dichos gases. En caso de recuperación de dichos gases, la realizarán únicamente personas físicas debidamente cualificadas.

Cuando la eliminación de las espumas a que se refiere el párrafo primero no sea técnicamente viable, el propietario o contratista del edificio elaborará documentación que demuestre la inviabilidad de la eliminación en el caso concreto. Dicha documentación se conservará durante cinco años y se pondrá a disposición de la autoridad competente del Estado miembro interesado o de la Comisión, previa solicitud.

10. Los operadores de productos y aparatos no enumerados en los apartados 2, 3, 8 o 9 que contengan gases fluorados de efecto invernadero enumerados en el anexo I y en el anexo II, sección 1, dispondrán la recuperación de los gases, a menos que pueda demostrarse que no es técnicamente viable o que conlleva costes desproporcionados. Los operadores garantizarán que la recuperación la realicen personas físicas debidamente cualificadas, de modo que los gases se reciclen, regeneren o destruyan, o dispondrán su destrucción sin recuperación previa.

La recuperación de los gases fluorados de efecto invernadero enumerados en el anexo I y en el anexo II, sección 1, de aparatos de aire acondicionado en vehículos de carretera no incluidos en el ámbito de aplicación de la Directiva 2006/40/CE la realizarán únicamente personas físicas que posean al menos una acreditación de formación con arreglo al artículo 10, apartado 1, párrafo segundo, del presente Reglamento.

11. Los gases fluorados de efecto invernadero enumerados en el anexo I, sección 1, y los productos y aparatos que contengan dichos gases únicamente se destruirán mediante tecnologías de destrucción aprobadas por las Partes en el Protocolo.

Otros gases fluorados de efecto invernadero para los que no se hayan aprobado tecnologías de destrucción únicamente se destruirán mediante una tecnología de destrucción que cumpla el Derecho de la Unión y nacional en materia de residuos y cuando se cumplan los requisitos adicionales establecidos en dicho Derecho.

12. La Comisión estará facultada para adoptar actos delegados con arreglo al artículo 32 por los que se complete el presente Reglamento con el establecimiento de una lista de productos y aparatos para los que la recuperación de los gases fluorados de efecto invernadero enumerados en el anexo I y en el anexo II, sección 1, o la destrucción de los productos y aparatos que contengan dichos gases sin recuperación previa de dichos gases, se considerará técnica y económicamente viable, especificando, si procede, la tecnología que deberá aplicarse.

13. Los Estados miembros fomentarán la recuperación, el reciclado, la regeneración y la destrucción de los gases fluorados de efecto invernadero enumerados en los anexos I y II.

Artículo 9. Sistemas de responsabilidad ampliada de los productores

Sin perjuicio de los regímenes existentes de responsabilidad ampliada del productor, los Estados miembros garantizarán que, a más tardar el 31 de diciembre de 2027, las obligaciones de financiación para los residuos de aparatos eléctricos y electrónicos a que se refieren los artículos 12 y 13 de la Directiva 2012/19/UE incluyan la financiación de la recuperación, y del reciclado, la regeneración o la destrucción, de los gases fluorados de efecto invernadero enumerados en los anexos I y II del presente Reglamento procedentes de productos y aparatos que contengan dichos gases, que sean aparatos eléctricos y electrónicos en el sentido de la Directiva 2012/19/UE y que se hayan introducido en el mercado a partir del 11 de marzo de 2024.

Los Estados miembros informarán a la Comisión de las acciones emprendidas.

Artículo 10. Certificación y formación

1. Deberán estar certificadas las personas físicas que realicen las siguientes actividades relacionadas con gases fluorados de efecto invernadero en el sentido del artículo 4, apartado 7, el artículo 5, apartado 1, y el artículo 8, apartado 2, que cubren los gases fluorados de efecto invernadero especificados en ellos, o relacionadas con alternativas pertinentes a los gases fluorados de efecto invernadero, incluidos los refrigerantes naturales, cuando proceda:

a) instalación, mantenimiento o revisión, reparación o desmantelamiento de los aparatos enumerados en el artículo 5, apartado 2, letras a) a f), y el artículo 5, apartado 3, letras a) y b);

b) controles de fugas de los aparatos a que se refiere el artículo 5, apartado 2, letras a) a e), y el artículo 5, apartado 3, letras a) y b);

c) recuperación de los aparatos enumerados en el artículo 8, apartado 2, y en el artículo 8, apartado 3, letra a).

Las personas físicas deberán estar en posesión, como mínimo, de una acreditación de formación para poder realizar las siguientes actividades relacionadas con gases fluorados de efecto invernadero en el sentido del artículo 4, apartado 7, el artículo 5, apartado 1, y el artículo 8, apartado 3, que cubren los gases fluorados de efecto invernadero especificados en ellos, o relacionadas con las alternativas pertinentes a los gases fluorados de efecto invernadero, incluidos los refrigerantes naturales, cuando proceda:

a) mantenimiento o revisión y reparación de aparatos de aire acondicionado en vehículos de motor que entren en el ámbito de aplicación de la Directiva 2006/40/CE, y la recuperación de gases fluorados de efecto invernadero de dichos aparatos;

b) recuperación de los gases fluorados de efecto invernadero de los aparatos enumerados en el artículo 8, apartado 3, letras b) y c), y en el artículo 8, apartado 10, párrafo segundo;

c) mantenimiento o revisión, reparación y control de fugas de los aparatos enumerados en el artículo 5, apartado 3, letra c).

2. Las personas jurídicas deberán estar certificadas en el sentido del artículo 4, apartado 7, que cubre los gases fluorados de efecto invernadero especificados en él, para realizar la instalación, el mantenimiento o revisión, la reparación o el desmantelamiento de los aparatos enumerados en el artículo 5, apartado 2, letras a) a e), y en el artículo 5, apartado 3, letras a) y b), relacionados con gases fluorados de efecto invernadero o alternativas pertinentes a los gases fluorados de efecto invernadero, incluidos los refrigerantes naturales, cuando proceda.

3. En el plazo de un año a partir de la entrada en vigor del acto de ejecución a que se refiere el apartado 8, los Estados miembros establecerán o adaptarán programas de certificación de sistemas de refrigeración, incluidos procesos de evaluación, y garantizarán que exista formación sobre capacidades prácticas y conocimientos teóricos a disposición de las personas físicas que realicen las actividades a que se refiere el apartado 1. Los Estados

miembros garantizarán asimismo que se disponga de programas de formación para la obtención de acreditaciones de formación de conformidad con el apartado 1, párrafo segundo.

4. En el plazo de un año a partir de la fecha de entrada en vigor del acto de ejecución a que se refiere el apartado 8, los Estados miembros establecerán o adaptarán programas de certificación para las personas jurídicas a que se refiere el apartado 2.

5. Los programas de certificación y la formación sobre capacidades prácticas y conocimientos teóricos contemplados en el apartado 3 incluirán los elementos siguientes:

a) reglamentación y normas técnicas aplicables;

b) prevención de las emisiones;

c) recuperación de los gases fluorados de efecto invernadero enumerados en el anexo I y en el anexo II, sección 1;

d) manipulación segura de los aparatos del tipo y tamaño correspondientes al certificado;

e) manipulación segura de los aparatos que contengan gases inflamables o tóxicos o que funcionen a alta presión o que impliquen otros riesgos pertinentes;

f) las medidas de mejora o mantenimiento de la eficiencia energética de los aparatos durante la instalación o mantenimiento, o la revisión.

6. Los programas de certificación y la formación sobre capacidades prácticas y conocimientos teóricos previstos en el apartado 3 relacionados con las aeronaves se tendrán en cuenta en el proceso de actualización de las especificaciones de la certificación y otras especificaciones pormenorizadas, medios de cumplimiento aceptables y material orientativo publicado por la Agencia Europea de Seguridad Aérea con arreglo al artículo 76, apartado 3, y al artículo 115 del Reglamento (UE) 2018/1139.

7. Los certificados con arreglo a los programas de certificación contemplados en el apartado 3 se expedirán a condición de que los solicitantes hayan completado con éxito un proceso de evaluación a que se refiere dicho apartado.

8. A más tardar el 12 de marzo de 2026, la Comisión establecerá, mediante actos de ejecución, los requisitos mínimos para los programas de certificación y las acreditaciones de formación a que se refieren los apartados 3 y 4 para las actividades a que se refiere el apartado 1. Esos requisitos mínimos especificarán, para cada tipo de aparato contemplado en el apartado 1, las competencias prácticas y los conocimientos teóricos exigidos diferenciando, según el caso, las distintas actividades de que se trate, las modalidades

de certificación o acreditación, así como las condiciones para el reconocimiento mutuo de certificados y de acreditaciones de formación. La Comisión adaptará, mediante actos de ejecución, dichos requisitos mínimos, cuando proceda. Dichos actos de ejecución se adoptarán de conformidad con el procedimiento de examen a que se refiere el artículo 34, apartado 2.

9. Los certificados y las acreditaciones de formación existentes que se hayan expedido según lo dispuesto en el Reglamento (UE) n.º 517/2014 mantendrán su validez con arreglo a las condiciones conforme a las cuales fueron originalmente expedidos. A más tardar el 12 de marzo de 2027, los Estados miembros garantizarán que las personas físicas certificadas estén obligadas a participar en cursos de formación de actualización o a completar el proceso de evaluación a que se refiere el apartado 3, al menos cada siete años. Los Estados miembros garantizarán que las personas físicas que sean titulares de un certificado o una acreditación de formación en virtud del Reglamento (UE) n.º 517/2014 participen en dichos cursos de formación de actualización o completen por primera vez dichos procesos de evaluación a más tardar el 12 de marzo de 2029.

10. En el plazo de un año a partir de la entrada en vigor del acto de ejecución con arreglo al apartado 8, los Estados miembros notificarán a la Comisión sus programas de certificación y formación.

Los Estados miembros reconocerán los certificados y las acreditaciones de formación expedidos en otro Estado miembro con arreglo al presente artículo. No limitarán la libertad de prestación de servicios ni la libertad de establecimiento por el hecho de que un certificado haya sido expedido en otro Estado miembro.

11. La Comisión podrá determinar, mediante actos de ejecución, el formato de la notificación a que se refiere el apartado 10. Dichos actos de ejecución se adoptarán de conformidad con el procedimiento de examen a que se refiere el artículo 34, apartado 2.

12. Las empresas únicamente podrán asignar una tarea de las contempladas en el apartado 1 o en el apartado 2 a otra empresa tras haber comprobado que esta última posee los certificados necesarios para las actividades de que se trate con arreglo a lo dispuesto en el apartado 1 o en el apartado 2, respectivamente.

13. Cuando las obligaciones previstas en el presente artículo en relación con la expedición de certificaciones y la impartición de formación impliquen cargas desproporcionadas para un Estado miembro en razón del pequeño tamaño de su población y de la consiguiente falta de demanda de dichas certificaciones y dicha formación, el cumplimiento de esas obligaciones podrá efectuarse mediante el reconocimiento de certificados expedidos por otros Estados miembros.

Los Estados miembros que apliquen el párrafo primero informarán a la Comisión. La Comisión informará posteriormente a los demás Estados miembros.

14. Nada de lo previsto en el presente artículo impedirá que los Estados miembros establezcan nuevos programas de certificación y formación para aparatos y actividades distintos de los contemplados en el apartado 1.

CAPÍTULO III

Restricciones y control del uso

Artículo 11. Restricciones de introducción en el mercado y venta

1. Se prohibirá la introducción en el mercado de productos y aparatos, incluidas sus partes, enumerados en el anexo IV, a excepción del equipo militar, a partir de la fecha especificada en dicho anexo, diferenciando, cuando proceda, según el tipo o el potencial de calentamiento global de los gases que contengan.

Como excepción a lo dispuesto en el párrafo primero, se permitirá la introducción en el mercado de partes de productos y aparatos necesarias para la reparación y la revisión de los aparatos existentes enumerados en el anexo IV, siempre que la reparación o la revisión no den lugar a:

a) un aumento de la capacidad del producto o el aparato;

b) un aumento de la cantidad de gases fluorados de efecto invernadero contenidos en el producto o el aparato, o

c) cambios en el tipo de gases fluorados de efecto invernadero usados que podrían dar lugar a un aumento del potencial de calentamiento global de los gases fluorados de efecto invernadero usados.

Los productos y aparatos, incluidas sus partes, introducidos ilícitamente en el mercado después de la fecha a que se refiere el párrafo primero no se utilizarán ni suministrarán posteriormente, ni se pondrán a disposición de otras personas en la Unión a título oneroso o gratuito, ni se exportarán. Se permitirá la reexportación de dichos productos y aparatos cuando el incumplimiento del presente Reglamento se haya constatado antes del despacho a libre práctica de mercancías a efectos de importación, de conformidad con las medidas a que se refiere el artículo 23, apartado 12. Dichos productos y aparatos únicamente podrán almacenarse o transportarse para su posterior eliminación y para la recuperación del gas antes de la eliminación de conformidad con el artículo 8 o para su reexportación.

Se permite la reexportación de productos y aparatos respecto de los cuales se haya constatado el incumplimiento del presente Reglamento antes de su despacho a libre práctica. En tales casos, no será aplicable el artículo 22, apartado 3.

Un año después de las fechas individuales enumeradas en el anexo IV, el posterior suministro o puesta a disposición a otra persona en la Unión, a título oneroso o gratuito, de productos o aparatos introducidos en el mercado de manera lícita antes de la fecha mencionada en el párrafo primero únicamente se permitirá si se aportan pruebas de que el producto o aparato se introdujo en el mercado lícitamente antes de dicha fecha.

2. La prohibición establecida en el apartado 1, párrafo primero, no se aplicará a los aparatos respecto de los cuales se haya establecido, con arreglo a los requisitos de diseño ecológico adoptados en virtud de la Directiva 2009/125/CE, que las emisiones equivalentes de CO_2 durante su ciclo de vida serían inferiores a las derivadas de aparatos equivalentes que cumplen dichos requisitos pertinentes de diseño ecológico.

3. Además de las prohibiciones de introducción en el mercado establecida en el anexo IV, punto 1, se prohibirá la importación, cualquier suministro posterior o la puesta a disposición a otras personas en la Unión, a título oneroso o gratuito, el uso o la exportación de recipientes no rellenables para gases fluorados de efecto invernadero enumerados en el anexo I y en el anexo II, sección 1, vacíos o llenos total o parcialmente. Tales recipientes únicamente podrán almacenarse o transportarse para su posterior eliminación. El presente apartado no se aplicará a los recipientes para usos de laboratorio o análisis de gases fluorados de efecto invernadero.

El párrafo primero se aplicará a los recipientes no rellenables, a saber:

a) recipientes que no puedan rellenarse sin sufrir una adaptación para tal fin, y

b) recipientes que podrían rellenarse pero que se importan o introducen en el mercado sin que se haya previsto su devolución para su rellenado.

4. Las empresas que introduzcan en el mercado recipientes rellenables para gases fluorados de efecto invernadero prepararán una declaración de conformidad que incluya pruebas que confirmen la existencia de medidas vinculantes vigentes para la devolución de dichos recipientes a efectos del rellenado, en particular identificando los agentes pertinentes, sus compromisos obligatorios y las medidas logísticas pertinentes. Esas medidas serán vinculantes para los distribuidores de los recipientes rellenables de gases fluorados de efecto invernadero al usuario final.

Las empresas a que se refiere el párrafo primero conservarán la declaración de conformidad durante un período mínimo de cinco años a partir de la introducción en el mercado de los recipientes rellenables para gases fluorados de efecto invernadero, y, previa petición, la pondrán a disposición de la autoridad competente del Estado miembro interesado o de la Comisión. Los suministradores de los recipientes rellenables para gases fluorados de efecto invernadero a los usuarios finales conservarán pruebas del cumplimiento de las medidas vinculantes a que se refiere el párrafo primero durante un período mínimo de cinco años a partir del suministro al usuario final y, previa petición, pondrán dichas pruebas a disposición de la autoridad competente del Estado miembro interesado o de la Comisión.

La Comisión podrá determinar, mediante actos de ejecución, los requisitos para incluir en la declaración de conformidad los elementos esenciales para las medidas vinculantes a que se refiere el párrafo primero del presente apartado. Dichos actos de ejecución se adoptarán de conformidad con el procedimiento de examen a que se refiere el artículo 34, apartado 2.

5. Previa solicitud motivada de una autoridad competente de un Estado miembro y teniendo en cuenta los objetivos del presente Reglamento, la Comisión podrá autorizar de modo excepcional, mediante actos de ejecución, una exención de hasta cuatro años para permitir la introducción en el mercado de los productos y aparatos enumerados en el anexo IV, o, como excepción a lo dispuesto en el artículo 13, apartado 9, la puesta en funcionamiento de aparamenta eléctrica nueva o ampliada, incluidas sus partes, que contengan gases fluorados de efecto invernadero o cuyo funcionamiento dependa de ellos, en caso de que se haya demostrado que:

a) para un producto concreto o una parte de un aparato, o para una categoría concreta de productos o aparatos, no se dispone de alternativas o no se puede recurrir a ellas por motivos técnicos o de seguridad, o

b) el uso de alternativas técnicamente viables y seguras generaría costes desproporcionados.

Dichos actos de ejecución se adoptarán de conformidad con el procedimiento de examen a que se refiere el artículo 34, apartado 2.

6. Únicamente las personas físicas que posean un certificado exigido en virtud del artículo 10, apartado 1, párrafo primero, letra a), o las empresas que empleen a personas físicas que sean titulares de un certificado exigido en virtud del artículo 10, apartado 1, párrafo primero, letra a), o una acreditación de formación exigida en virtud del artículo 10, apartado 1, párrafo segundo, estarán autorizadas a adquirir los gases fluorados de efecto invernadero enumerados en el anexo I o en el anexo II, sección 1, a efectos de realizar la instalación, el mantenimiento o revisión, o la reparación de los aparatos que contengan dichos gases, o cuyo funcionamiento dependa de ellos, mencionados en el artículo 5, apartado 2, letras a) a f), y en el artículo 5, apartado 3, letras a) y b), y regulados por el artículo 10, apartado 1, párrafo segundo. Los vendedores venderán u ofrecerán a la venta,

directa o indirectamente, dichos gases exclusivamente a las empresas mencionadas en el presente apartado.

El presente apartado no impedirá que las empresas no certificadas que no realicen las actividades a que se refiere el párrafo primero, recojan, transporten o entreguen los gases fluorados de efecto invernadero enumerados en el anexo I y en el anexo II, sección 1.

7. Los aparatos que no estén herméticamente sellados y que estén cargados con gases fluorados de efecto invernadero enumerados en el anexo I y en el anexo II, sección 1, únicamente podrán venderse al usuario final cuando se aporten pruebas de que la instalación será realizada por una empresa certificada con arreglo a lo dispuesto en el artículo 10.

8. Únicamente las empresas con un establecimiento en la Unión, o que hayan nombrado a un representante exclusivo con un establecimiento en la Unión que asuma la plena responsabilidad del cumplimiento del presente Reglamento, podrán introducir en el mercado y suministrar posteriormente gases fluorados de efecto invernadero a granel. Dicho representante exclusivo podrá ser el mismo que el nombrado en virtud del artículo 8 del Reglamento (CE) n.º 1907/2006.

Artículo 12. Etiquetado e información sobre los productos y aparatos

1. Los siguientes productos y aparatos que contengan gases fluorados de efecto invernadero o cuyo funcionamiento dependa de dichos gases, únicamente se introducirán en el mercado, se suministrarán posteriormente o se pondrán a disposición de cualquier otra persona, si están etiquetados como:

   a) aparatos de refrigeración;

   b) aparatos de aire acondicionado;

   c) bombas de calor;

   d) aparatos de protección contra incendios;

   e) aparamenta eléctrica;

   f) difusores de aerosoles que contengan gases fluorados de efecto invernadero, incluidos los inhaladores dosificadores;

   g) todos los recipientes de gases fluorados de efecto invernadero;

   h) disolventes a base de gases fluorados de efecto invernadero, o

   i) ciclos Rankine con fluido orgánico.

2. Los productos o aparatos sujetos a una exención a que se refiere el artículo 11, apartado 5, así como los productos o aparatos que contengan gases fluorados de efecto invernadero enumerados en el anexo I, sección 1, sujetos a una exención a que se refiere el artículo 16, apartado 4, llevarán etiquetas que lo indiquen, especificando el período de validez de la exención, y que informen de que únicamente pueden utilizarse para los fines para los cuales se ha obtenido la exención en virtud de dicho artículo.

3. La etiqueta exigida con arreglo al apartado 1 contendrá la información siguiente:

a) una indicación de que el producto o aparato contiene gases fluorados de efecto invernadero o de que su funcionamiento depende de ellos;

b) la designación industrial aceptada de los gases fluorados de efecto invernadero o, si no se dispone de tal designación, la denominación química;

c) a partir del 1 de enero de 2017, la cantidad expresada en peso y en equivalente de CO_2 de los gases fluorados de efecto invernadero presentes en el producto o aparato, o la cantidad de gases fluorados de efecto invernadero para los que está diseñado el aparato, y el potencial de calentamiento global de dichos gases.

La etiqueta contendrá la información siguiente, según proceda:

a) una referencia a que los gases fluorados de efecto invernadero están contenidos en un aparato sellado herméticamente;

b) una referencia a que la aparamenta eléctrica presenta un índice de fugas, determinado mediante ensayo, inferior a un 0,1 % al año, según lo indicado en la especificación técnica del fabricante.

Cuando se hayan reacondicionado productos o aparatos y se hayan sustituido los gases fluorados de efecto invernadero, dichos productos o aparatos se etiquetarán de nuevo con la información actualizada a que se refiere el presente apartado.

4. La etiqueta exigida conforme al apartado 1 será claramente legible e indeleble y deberá colocarse:

a) junto a los orificios de salida para recarga o recuperación de los gases fluorados de efecto invernadero, o bien

b) sobre la parte de los productos o aparatos que contenga los gases fluorados de efecto invernadero.

La etiqueta estará escrita en las lenguas oficiales del Estado miembro en que el producto vaya a introducirse en el mercado, ponerse a disposición o suministrarse.

5. No se introducirán en el mercado, pondrán a disposición ni se suministrarán espumas ni polioles premezclados que contengan los gases fluorados de efecto invernadero enumerados en los anexos I y II a menos que esos gases estén identificados con una etiqueta que utilice la designación industrial aceptada o, si no se dispone de tal designación, la denominación química. La etiqueta indicará con claridad que la espuma o los polioles premezclados contienen gases fluorados de efecto invernadero. En el caso de los paneles y placas laminados de espuma, dicha información figurará de forma clara e indeleble en la superficie de estos.

6. Cuando proceda, los recipientes rellenados que contengan gases fluorados de efecto invernadero se etiquetarán de nuevo con la información actualizada a que se refiere el apartado 3, párrafo primero.

7. Los recipientes que contengan gases fluorados de efecto invernadero enumerados en los anexos I y II regenerados o reciclados se etiquetarán con la indicación de que la sustancia ha sido regenerada o reciclada. En caso de regeneración, se incluirá información sobre el número de lote y el nombre y la dirección del centro de regeneración en la Unión.

8. Los recipientes que contengan gases fluorados de efecto invernadero enumerados en el anexo I e introducidos en el mercado, puestos a disposición o suministrados para su destrucción se etiquetarán con la indicación de que el contenido del recipiente está exclusivamente destinado a su destrucción.

9. Los recipientes que contengan gases fluorados de efecto invernadero enumerados en el anexo I y destinados a su exportación directa se etiquetarán con la indicación de que el contenido del recipiente está exclusivamente destinado a la exportación directa.

10. Los recipientes que contengan gases fluorados de efecto invernadero enumerados en el anexo I e introducidos en el mercado, puestos a disposición o suministrados para ser usados en equipo militar se etiquetarán con la indicación de que el contenido del recipiente está exclusivamente destinado a ese fin.

11. Los recipientes que contengan gases fluorados de efecto invernadero enumerados en el anexo I y en el anexo II e introducidos en el mercado, puestos a disposición o suministrados para mordentado de material semiconductor o para limpieza de cámaras de deposición química en fase de vapor en el sector de fabricación de semiconductores se etiquetarán con la indicación de que el contenido del recipiente está exclusivamente destinado a ese fin.

12. Los recipientes que contengan gases fluorados de efecto invernadero enumerados en el anexo I e introducidos en el mercado, puestos a disposición o suministrados para ser usados como materia prima se etiquetarán con la indicación de que el contenido del recipiente está exclusivamente destinado a ser usado como materia prima.

13. Los recipientes que contengan gases fluorados de efecto invernadero enumerados en el anexo I, sección 1, e introducidos en el mercado, puestos a disposición o suministrados para producir inhaladores dosificadores para la administración de ingredientes farmacéuticos, se etiquetarán con la indicación de que el contenido del recipiente está exclusivamente destinado a ese fin.

14. En el caso de recipientes que contengan gases fluorados de efecto invernadero enumerados en el anexo I, sección 1, la etiqueta a que se refieren los apartados 8 a 12 incluirá la indicación «exento de cuota en virtud del Reglamento (UE) 2024/573 del Parlamento Europeo y del Consejo».

En ausencia de los requisitos de etiquetado a que se refieren el párrafo primero del presente aparado y los apartados 8 a 12, los hidrofluorocarburos estarán sujetos a los requisitos de cuota con arreglo al artículo 16, apartado 1.

15. En los casos contemplados en el anexo IV, punto 2, letra b), punto 4, punto 5, letra c), punto 7, letras b), c) y d), punto 8, letras b) a e), punto 9, letras b) a f), punto 11, letra c), punto 16, punto 17, letras a), b) y c), y punto 19, letras a) y b), el producto o aparato se etiquetará con la indicación de que únicamente podrá utilizarse cuando así lo exijan los requisitos o normas nacionales de seguridad, según proceda. Dichos requisitos o normas se especificarán en la etiqueta. En los casos contemplados en el anexo IV, puntos 19 y 21, el producto o aparato se etiquetará con la indicación de que únicamente puede utilizarse cuando lo requiera la aplicación médica que se especifique en la etiqueta.

16. La información mencionada en los apartados 3 y 5 se incluirá en los manuales de instrucciones de los productos y aparatos de que se trate.

En el caso de los productos y aparatos que contengan gases fluorados de efecto invernadero enumerados en los anexos I y II con un potencial de calentamiento global igual o superior a 150, esa información también deberá incluirse en las descripciones utilizadas para la publicidad.

17. La Comisión podrá determinar, mediante actos de ejecución, el formato de las etiquetas a que se refieren el apartado 1 y los apartados 4 a 15 del presente artículo. Dichos actos de ejecución se adoptarán de conformidad con el procedimiento de examen a que se refiere el artículo 34, apartado 2.

18. La Comisión estará facultada para adoptar actos delegados con arreglo al artículo 32 para modificar los requisitos de etiquetado establecidos en los apartados 4 a 15 del presente artículo, cuando proceda a la vista de la evolución comercial o tecnológica.

Artículo 13. Control del uso

1. Se prohibirá el uso de SF_6 en la fundición de magnesio y en el reciclado de aleaciones de fundición de magnesio.

2. Se prohibirá el uso de SF_6 para llenar los neumáticos de los vehículos.

3. Se prohibirá el uso de gases fluorados de efecto invernadero con un potencial de calentamiento global igual o superior a 2 500, para el mantenimiento o revisión de aparatos de refrigeración con un tamaño de carga de al menos 40 toneladas equivalentes de CO_2. A partir del 1 de enero de 2025, se prohibirá el uso de los gases fluorados de efecto invernadero, con un potencial de calentamiento global igual o superior a 2 500, para el mantenimiento o revisión de cualquier aparato de refrigeración.

Las prohibiciones a que se refiere el párrafo primero no se aplicarán a equipos militares ni a aparatos destinados a aplicaciones diseñadas para enfriar productos a temperaturas por debajo de -50 °C.

Hasta el 1 de enero de 2030, las prohibiciones a que se refiere el párrafo primero no se aplicarán a las categorías de gases fluorados de efecto invernadero siguientes:

a) los gases fluorados de efecto invernadero enumerados en el anexo I regenerados, con un potencial de calentamiento global igual o superior a 2 500, usados para el mantenimiento o revisión de aparatos de refrigeración existentes, siempre que los recipientes que contengan esos gases hayan sido etiquetados de conformidad con lo dispuesto en el artículo 12, apartado 7;

b) los gases fluorados de efecto invernadero enumerados en el anexo I reciclados, con un potencial de calentamiento global igual o superior a 2 500, usados para el mantenimiento o revisión de aparatos de refrigeración existentes, siempre que dichos gases se hayan recuperado de tales aparatos. Tales gases reciclados únicamente podrán ser usados por la empresa que haya realizado la recuperación como parte del mantenimiento o revisión, o por la empresa para la que se haya realizado la recuperación como parte del mantenimiento o revisión.

Las prohibiciones a que se refiere el párrafo primero no se aplicarán a los aparatos de refrigeración para los cuales se haya autorizado una exención con arreglo a lo dispuesto en el artículo 11, apartado 5.

4. A partir del 1 de enero de 2026, se prohibirá el uso de los gases fluorados de efecto invernadero enumerados en el anexo I, con un potencial de calentamiento global igual o superior a 2 500, para el mantenimiento o revisión de aparatos de aire acondicionado y bombas de calor.

La prohibición a que se refiere el párrafo primero no se aplicará hasta el 1 de enero de 2032 a las categorías de gases fluorados de efecto invernadero siguientes:

a) los gases fluorados de efecto invernadero enumerados en el anexo I regenerados, con un potencial de calentamiento global igual o superior a 2 500, usados para el mantenimiento o revisión de aparatos de aire acondicionado o bombas de calor existentes, siempre que los recipientes que contengan esos gases hayan sido etiquetados de conformidad con lo dispuesto en el artículo 12, apartado 7;

b) los gases fluorados de efecto invernadero reciclados enumerados en el anexo I reciclados, con un potencial de calentamiento global igual o superior a 2 500, usados para el mantenimiento o revisión de aparatos de aire acondicionado y bombas de calor existentes, siempre que esos gases se hayan recuperado de tales aparatos. Tales gases reciclados únicamente podrán ser usados por la empresa que haya realizado la recuperación como parte del mantenimiento o revisión, o por la empresa para la que se haya realizado la recuperación como parte del mantenimiento o revisión.

5. A partir del 1 de enero de 2032, se prohibirá el uso de los gases fluorados de efecto invernadero enumerados en el anexo I, con un potencial de calentamiento global igual o superior a 750, para el mantenimiento o revisión de aparatos fijos de refrigeración, con excepción de los enfriadores.

La prohibición a que se refiere el párrafo primero no se aplicará al equipo militar ni a los aparatos destinados a aplicaciones diseñadas para enfriar medicamentos a temperaturas por debajo de - 50 °C ni a los aparatos destinados a aplicaciones diseñadas para enfriar centrales nucleares.

La prohibición a que se refiere el párrafo primero no se aplicará a las categorías de gases fluorados de efecto invernadero siguientes:

a) los gases fluorados de efecto invernadero enumerados en el anexo I regenerados, con un potencial de calentamiento global igual o superior a 750, usados para el mantenimiento o revisión de aparatos fijos de refrigeración existentes, con la excepción de enfriadores, siempre que los recipientes que contengan esos gases hayan sido etiquetados de conformidad con lo dispuesto en el artículo 12, apartado 7;

b) los gases fluorados de efecto invernadero reciclados enumerados en el anexo I reciclados, con un potencial de calentamiento global igual o superior a 750, usados para el mantenimiento o revisión de aparatos fijos de refrigeración existentes, con excepción de los enfriadores, siempre que esos gases se hayan recuperado de tales aparatos; tales gases reciclados únicamente podrán ser usados por la empresa que haya realizado la recuperación como parte del mantenimiento o revisión, o por la empresa para la que se haya realizado la recuperación como parte del mantenimiento o revisión.

6. Previa solicitud motivada de una autoridad competente de un Estado miembro y teniendo en cuenta los objetivos del presente Reglamento, la Comisión evaluará la disponibilidad de gases fluorados de efecto invernadero regenerados y reciclados que entren en el ámbito de aplicación de los apartados 4 y 5. Cuando la evaluación de la Comisión apunte a una escasez verificada de gases fluorados de efecto invernadero regenerados y reciclados, la Comisión podrá autorizar excepcionalmente, mediante actos de ejecución, una exención de las prohibiciones establecidas en los apartados 4 o 5, por un máximo de cuatro años, en la medida necesaria para hacer frente a la escasez detectada.

7. A partir del 1 de enero de 2035, se prohibirá el uso del SF_6 para el mantenimiento o revisión de aparamenta eléctrica a menos que se regenere o recicle, excepto si se demuestra que el SF_6 regenerado o reciclado:

a) no puede usarse por razones técnicas, o

b) no está disponible en caso de una situación de reparación de emergencia.

En tales casos, el usuario aportará a la autoridad competente del Estado miembro interesado o a la Comisión, previa solicitud, pruebas en las que exponga la justificación del uso.

El presente apartado no se aplicará al equipo militar.

8. A partir del 1 de enero de 2026, se prohibirá el uso de desflurano como un anestésico por inhalación, excepto cuando dicho uso sea estrictamente necesario y no pueda utilizarse ningún otro anestésico por motivos médicos. El centro de salud conservará las pruebas de la justificación médica y las proporcionará, previa solicitud, a la autoridad competente del Estado miembro interesado o a la Comisión.

9. Se prohibirá la puesta en funcionamiento de la siguiente aparamenta eléctrica que use gases fluorados de efecto invernadero, o cuyo funcionamiento dependa de ellos, en un medio aislante o de ruptura:

a) a partir del 1 de enero de 2026, aparamenta eléctrica de media tensión para distribución primaria y secundaria de hasta 24 kV;

b) a partir del 1 de enero de 2030, aparamenta eléctrica de media tensión para distribución primaria y secundaria de más de 24 kV hasta 52 kV, inclusive;

c) a partir del 1 de enero de 2028, aparamenta eléctrica de alta tensión a partir de 52 kV hasta 145 kV, inclusive, y hasta 50 kA, inclusive, de corriente de cortocircuito, con un potencial de calentamiento global igual o superior a 1;

d) a partir del 1 de enero de 2032, aparamenta eléctrica de alta tensión de más de 145 kV o más de 50 kA de corriente de cortocircuito, con un potencial de calentamiento global igual o superior a 1.

10. No se considerará puesta en funcionamiento a efectos del presente artículo la desactivación de aparamenta eléctrica que esté en funcionamiento en la Unión y la posterior puesta en funcionamiento de esa aparamenta eléctrica en un lugar diferente de la Unión.

11. Como excepción a lo dispuesto en el apartado 9, se permitirá la puesta en funcionamiento de aparamenta eléctrica que utilice o cuyo funcionamiento dependa de medios aislantes o de rupturas con un potencial de calentamiento global inferior a 1 000si, tras un procedimiento de contratación pública que tenga en cuenta las especificidades técnicas del equipo necesario para el uso específico de que se trate, se aplica una de las situaciones siguientes:

a) durante los primeros dos años después de las fechas pertinentes a que se refiere el apartado 9, letras a) y b), no se han recibido ofertas o solo ofertas en las que un fabricante de aparamenta eléctrica con medio aislante o de ruptura que no use gases fluorados de efecto invernadero ofrezca aparatos;

b) durante los primeros dos años después de las fechas pertinentes a que se refiere el apartado 9, letras c) y d), no se han recibido ofertas o solo ofertas en las que un fabricante de aparamenta eléctrica con medio aislante o de ruptura con un potencial de calentamiento global inferior a uno ofrezca aparatos;

c) después del período de dos años a que se refiere la letra a), no se han recibido ofertas en las que un fabricante de aparamenta eléctrica con medio aislante o de ruptura que no use gases fluorados de efecto invernadero ofrezca aparatos, o

d) después del período de dos años a que se refiere la letra b), no se hayan recibido ofertas en las que un fabricante de aparamenta eléctrica con medio aislante o de ruptura con un potencial de calentamiento global inferior a uno ofrezca aparatos.

12. Como excepción a lo dispuesto en el apartado 11, se permitirá la puesta en funcionamiento de la aparamenta eléctrica con medio aislante o de ruptura con un potencial de calentamiento global igual o superior a 1 000si, tras un procedimiento de contratación pública que tenga en cuenta las especificidades técnicas de los aparatos necesarios para el uso específico de que se trate, no se ha recibido ninguna oferta para aparamenta eléctrica con medio aislante o de ruptura con un potencial de calentamiento global inferior a 1 000.

13. El apartado 9 no se aplicará a la aparamenta eléctrica respecto de la cual se haya establecido, con arreglo a los requisitos de diseño ecológico adoptados en virtud de la Directiva 2009/125/CE, que las emisiones equivalentes de CO_2 durante su ciclo de vida serían inferiores a las derivadas de aparatos equivalentes que cumplan los requisitos pertinentes de diseño ecológico y que cumplan los límites de potencial de calentamiento global establecidos en el apartado 9.

14. El apartado 9 no se aplicará cuando el operador pueda aportar pruebas de que el pedido de la aparamenta eléctrica es anterior a 11 de marzo de 2024.

15. El apartado 9 no se aplicará cuando los dispositivos para ampliar la aparamenta eléctrica existente que usen gases fluorados de efecto invernadero con un potencial de calentamiento global inferior al de los gases fluorados de efecto invernadero usados en aparamenta eléctrica existente no sean compatibles con la aparamenta eléctrica existente, y el uso de esos dispositivos requiera la sustitución de toda la aparamenta eléctrica existente.

16. Cuando se aplique alguna de las excepciones enumeradas en los apartados 10, 11, 12, 13, 14 o 15, el operador conservará la documentación acreditativa de la excepción durante al menos cinco años y la pondrá a disposición de la autoridad competente del Estado miembro interesado o de la Comisión, previa solicitud.

17. El operador notificará a la autoridad competente en el Estado miembro el lugar de puesta en funcionamiento de la aparamenta eléctrica cuando aplique una de las excepciones enumeradas en los apartados 11, 12, 14 o 15.

18. Podrán instalarse partes de los aparatos para su reparación o revisión de la aparamenta eléctrica existente, siempre que no se produzca ningún cambio en el tipo de gases fluorados de efecto invernadero usados que dé lugar a un aumento del potencial de calentamiento atmosférico de los gases fluorados de efecto invernadero usados o a un aumento de la cantidad de gases fluorados de efecto invernadero contenidos en los aparatos.

19. Se prohibirá la puesta en servicio de cualquiera de los equipos, o el uso de cualquiera de los productos, enumerados en el anexo IV, punto 2, letra b), punto 4, punto 5, letra c), punto 7, letras b), c) y d), punto 8, letras b) a e), punto 9, letra b) a f), punto 11, letra c), punto 17, letra c), y punto 19, letra b), después de la fecha de prohibición respectiva especificada en dichos puntos, a menos que el operador pueda aportar pruebas de que:

a) los requisitos de seguridad pertinentes en el lugar de que se trate no permitan la instalación de aparatos que usen gases fluorados de efecto invernadero por debajo del valor potencial de calentamiento global especificado en las prohibiciones respectivas, o

b) los aparatos se hayan introducido en el mercado antes de la fecha de prohibición pertinente establecida en el anexo IV.

20. El operador conservará la documentación que establezca las pruebas a que se refiere el apartado 19 durante al menos cinco años y la pondrá a disposición de la autoridad competente del Estado miembro interesado o de la Comisión, previa solicitud.

CAPÍTULO IV

Calendario de producción y reducción de la cantidad de hidrofluorocarburos introducidos en el mercado

Artículo 14 Producción de hidrofluorocarburos

1. A efectos del presente artículo, el artículo 15 y el anexo V, se entenderá por producción de hidrofluorocarburos la cantidad de hidrofluorocarburos producidos menos la cantidad destruida por la tecnología aprobada por las Partes en el Protocolo, y menos la cantidad usada en su totalidad como materia prima en la fabricación de otros productos químicos, pero incluidos los hidrofluorocarburos generados como subproducto, a menos que no se hayan capturado o que ese subproducto sea destruido como parte o después del proceso de producción por el productor o se entregue a otra empresa para su destrucción. No se tendrá en cuenta ninguna cantidad de hidrofluorocarburos regenerados en el cálculo de la producción de hidrofluorocarburos.

2. Se permitirá la producción de hidrofluorocarburos en la medida en que la Comisión haya asignado a los productores derechos de producción de conformidad con el presente artículo.

3. Antes del 1 de enero de 2025, la Comisión asignará, mediante actos de ejecución, derechos de producción sobre la base del anexo V a los productores que hayan producido hidrofluorocarburos en 2022, sobre la base de los datos notificados con arreglo al artículo 19 del Reglamento (UE) n.º 517/2014. Dichos actos de ejecución se adoptarán de conformidad con el procedimiento de examen a que se refiere el artículo 34, apartado 2.

4. La Comisión podrá modificar, mediante actos de ejecución y a petición de la autoridad competente de un Estado miembro, los actos de ejecución a que se refiere el apartado 3 con el fin de asignar derechos de producción adicionales a los productores a que se refiere el apartado 3 o a cualquier otra empresa establecida en la Unión, salvo que se superen

los límites de producción del Estado miembro en virtud del Protocolo. Dichos actos de ejecución se adoptarán de conformidad con el procedimiento de examen a que se refiere el artículo 34, apartado 2.

5. En ausencia de un acto de ejecución efectivo antes del 1 de enero de 2025, los productores podrán seguir produciendo hidrofluorocarburos sin asignación de derechos de producción. Los hidrofluorocarburos producidos durante dicho período se contabilizarán a efectos de la asignación de derechos de producción una vez expedidos de conformidad con el acto de ejecución a que se refiere el apartado 3.

6. Tres años después de la adopción de los actos de ejecución a que se refiere el apartado 3, y posteriormente cada tres años, la Comisión revisará y, en caso necesario, modificará esos actos de ejecución, teniendo en cuenta los cambios en los derechos de producción con arreglo al artículo 15 durante los tres años anteriores. Dichos actos de ejecución se adoptarán de conformidad con el procedimiento de examen a que se refiere el artículo 34, apartado 2.

Artículo 15. Transferencia y autorización de derechos de producción para la racionalización industrial

1. A efectos de la racionalización industrial dentro de un Estado miembro, los productores podrán transferir total o parcialmente sus derechos de producción a cualquier otra empresa de dicho Estado miembro, siempre que se respeten los niveles calculados de producción de las Partes en el Protocolo. Las transferencias serán aprobadas por la Comisión y las autoridades competentes pertinentes y se realizarán a través del portal de gases fluorados.

2. A efectos de racionalización industrial entre los Estados miembros, la Comisión, de acuerdo tanto con la autoridad competente del Estado miembro donde tenga lugar la producción pertinente de un productor como con la autoridad competente del Estado miembro en el que, en virtud del Protocolo, se disponga de niveles calculados de producción excedentarios, podrá autorizar a dicho productor, a través del portal de gases fluorados, a que sobrepase de una cantidad determinada sus derechos de producción a que se refiere el artículo 14, apartado 3, teniendo en cuenta las condiciones establecidas en el Protocolo.

3. La Comisión, de acuerdo tanto con la autoridad competente del Estado miembro donde tenga lugar la producción pertinente por parte de un productor como con la autoridad competente del tercer país Parte interesado, podrá autorizar a un productor a combinar los derechos de producción a que se refiere el artículo 14 con los niveles calculados de producción autorizados a un productor de un tercer país Parte en virtud del Protocolo y el Derecho nacional de ese productor a efectos de racionalización industrial con un tercer país Parte, siempre que la producción combinada de los dos productores no dé lugar a

que se excedan los niveles calculados de producción de las dos Partes del Protocolo y se respete todo Derecho nacional pertinente.

Artículo 16. Reducción de la cantidad de hidrofluorocarburos introducidos en el mercado

1. La introducción en el mercado de hidrofluorocarburos estará permitida únicamente en la medida en que la Comisión haya asignado cuota a los productores e importadores con arreglo a lo dispuesto en el artículo 17.

Los productores e importadores que introduzcan en el mercado hidrofluorocarburos no excederán la cuota a su disposición en el momento de la introducción en el mercado.

2. El apartado 1 no se aplicará a los hidrofluorocarburos:

a) importados en la Unión para su destrucción;

b) usados por un productor como materia prima o directamente suministrados por un productor o un importador a empresas para su uso como materia prima;

c) directamente suministrados por un productor o un importador a empresas para ser exportados fuera de la Unión, que no estén contenidos en productos o aparatos, cuando tales hidrofluorocarburos no sean puestos después a disposición de otra persona dentro de la Unión, antes de la exportación;

d) directamente suministrados por un productor o un importador para su uso en equipo militar;

e) directamente suministrados por un productor o un importador a una empresa que los use para el mordentado de material semiconductor o la limpieza de cámaras de deposición química en fase de vapor en el sector de la fabricación de semiconductores.

3. La Comisión estará facultada para adoptar actos delegados con arreglo al artículo 32 para modificar el apartado 2 y excluir del requisito de cuota establecido en el apartado 1 a los hidrofluorocarburos de conformidad con las decisiones de las Partes en el Protocolo.

4. Previa solicitud motivada de una autoridad competente de un Estado miembro y teniendo en cuenta los objetivos del presente Reglamento, y a la luz de los datos proporcionados por la Agencia Europea de Medicamentos, la Comisión podrá, con carácter excepcional y mediante actos de ejecución, autorizar una exención de hasta cuatro años para excluir del requisito de cuota establecido en el apartado 1 a los hidrofluorocarburos que vayan a ser usados en aplicaciones concretas, o a categorías concretas de productos o aparatos, cuando en la solicitud quede demostrado que:

a) para esas aplicaciones, productos o aparatos en particular no se dispone de alternativas o no puedan usarse por motivos técnicos o de seguridad o riesgos para la salud pública, y

b) no puede asegurarse un suministro suficiente de hidrofluorocarburos sin que ello genere costes desproporcionados.

Dichos actos de ejecución se adoptarán de conformidad con el procedimiento de examen a que se refiere el artículo 34, apartado 2.

5. La emisión de hidrofluorocarburos durante la producción se considerará introducida en el mercado el año en que suceda.

6. El presente artículo y los artículos 17, 20 a 29 y 31 se aplicarán también a los hidrofluorocarburos contenidos en polioles premezclados.

Artículo 17. Determinación de los valores de referencia y asignación de cuota para la introducción de hidrofluorocarburos en el mercado

1. A más tardar el 31 de octubre de 2024 y posteriormente al menos cada tres años, la Comisión determinará los valores de referencia para los productores e importadores de conformidad con el anexo VII para la introducción en el mercado de hidrofluorocarburos.

La Comisión determinará esos valores de referencia para todos los productores e importadores que hayan introducido en el mercado hidrofluorocarburos durante los tres años anteriores, mediante un acto de ejecución que determine los valores de referencia para todos los productores e importadores. Dichos actos de ejecución se adoptarán de conformidad con el procedimiento de examen a que se refiere el artículo 34, apartado 2.

2. Un productor o importador podrá notificar a la Comisión una sucesión o adquisición permanente de la parte de su actividad económica relacionada con el presente artículo que dé lugar a un cambio en la atribución de sus valores de referencia y los de su sucesor legal.

La Comisión podrá solicitar la documentación pertinente a tal efecto. Los valores de referencia ajustados serán accesibles en el portal de gases fluorados.

3. A más tardar el 1 de junio de 2024 y a más tardar el 1 de abril de 2027 y posteriormente como mínimo cada tres años, los productores e importadores podrán hacer una declaración para recibir una cuota de la reserva mencionada en el anexo VIII a través del portal de gases fluorados.

4. A más tardar el 31 de diciembre de 2024 y posteriormente cada año, la Comisión asignará una cuota a cada productor e importador para la introducción en el mercado de hidrofluorocarburos, de conformidad con el anexo VIII. La cuota se notificará a los productores e importadores a través del portal de gases fluorados.

5. La asignación de cuota estará supeditada al pago de la cantidad adeudada, que equivale a tres euros por cada tonelada equivalente de CO_2 que se asigne. Se notificará a los productores e importadores, a través del portal de gases fluorados, el importe total adeudado por su asignación máxima de cuotas calculada para el año natural siguiente y el plazo para completar el pago. La Comisión podrá determinar, mediante actos de ejecución, los mecanismos pormenorizados de pago del importe adeudado. Dichos actos de ejecución se adoptarán de conformidad con el procedimiento de examen a que se refiere el artículo 34, apartado 2.

Los productores e importadores podrán pagar solamente una parte de la asignación de cuota máxima calculada que se les haya ofrecido. En tal caso, se asignará a esos productores e importadores la cuota correspondiente al pago efectuado en el plazo a que se refiere el párrafo primero.

Hasta el 31 de diciembre de 2027, la Comisión redistribuirá gratuitamente la cuota por la que no se haya efectuado ningún pago en el plazo fijado, únicamente a los productores e importadores que hayan pagado el importe total adeudado por su asignación máxima de cuotas calculada a que se refiere el párrafo primero y que hayan efectuado la declaración a que se refiere el apartado 3. Esa redistribución se efectuará sobre la base de la participación de cada productor o importador en la suma de toda la cuota máxima calculada ofrecida y pagada íntegramente por dichos productores e importadores. Desde el 1 de enero de 2028, se cancelará la cuota para la que no se haya efectuado el pago en el plazo establecido.

La Comisión estará autorizada a no asignar en su totalidad la cantidad máxima mencionada en el anexo VII o a asignar cuota adicional, como contingencia para problemas de ejecución durante el período de asignación.

6. La Comisión estará facultada para adoptar actos delegados con arreglo al artículo 32 a fin de modificar el apartado 5 del presente artículo en lo que respecta a las cantidades adeudadas para la asignación de cuotas y al mecanismo de asignación de la cuota restante, a fin de compensar la inflación.

7. Cada año, o con mayor frecuencia tras una solicitud motivada de una autoridad competente de un Estado miembro, la Comisión, previa consulta a las partes interesadas pertinentes, evaluará el impacto del sistema de reducción gradual de cuotas establecido en el anexo VII en el mercado de bombas de calor de la Unión, teniendo en cuenta los factores pertinentes, en particular, la evolución de los precios de los gases fluorados de efecto invernadero enumerados en el anexo I, sección 1, la tasa de crecimiento de las bombas de calor que aún requieren dichos gases, la adopción por el mercado de tecnología alternativa y el estado del objetivo de la tasa de despliegue de bombas de calor previsto

en el plan REPowerEU. La Comisión incluirá las conclusiones de dichas evaluaciones en el informe anual de actividades pertinente sobre la acción por el clima.

Cuando la evaluación demuestre una grave escasez de gases fluorados de efecto invernadero enumerados en el anexo I, sección 1, para el despliegue de bombas de calor que pueda poner en peligro la consecución de los objetivos de despliegue de bombas de calor de REPowerEU, la Comisión adoptará actos delegados con arreglo al artículo 32 para modificar el anexo VII a fin de permitir la introducción en el mercado de una cantidad de gases fluorados de efecto invernadero enumerados en el anexo I, además de la cuota prevista en el anexo VII, de hasta 4 410 247 toneladas equivalentes de CO_2 al año para el período 2025-2026 y hasta 1 425 536 toneladas equivalentes de CO_2 al año para el período 2027-2029.

Cuando la Comisión adopte el acto delegado a que se refiere el párrafo segundo del presente artículo, la cuota adicional se distribuirá a los productores e importadores que hayan informado, con arreglo al artículo 26, el año anterior, sobre el uso de bombas de calor como una de las principales categorías de aplicaciones en las que se usa la sustancia, previa solicitud presentada a través del portal de gases fluorados.

8. Los ingresos procedentes del importe de asignación de cuotas constituirán ingresos afectados externos de conformidad con el artículo 21, apartado 5, del Reglamento (UE, Euratom) 2018/1046 del Parlamento Europeo y del Consejo[26]. Esos ingresos se asignarán al Programa LIFE y a la rúbrica 7 del marco financiero plurianual (Administración Pública Europea), para cubrir los costes del personal externo que trabaje en la gestión de la asignación de cuotas, los servicios informáticos y los sistemas de concesión de licencias a efectos de la aplicación del presente Reglamento y para garantizar el cumplimiento del Protocolo. Los ingresos utilizados para cubrir dichos costes no superarán el importe máximo anual de 3 000 000 EUR. Los ingresos restantes después de la cobertura de estos costes se consignarán en el presupuesto general de la Unión.

(26) Reglamento (UE, Euratom) 2018/1046 del Parlamento Europeo y del Consejo, de 18 de julio de 2018, sobre las normas financieras aplicables al presupuesto general de la Unión, por el que se modifican los Reglamentos (UE) n.º 1296/2013, (UE) nº 1301/2013, (UE) n.º 1303/2013, (UE) n.º 1304/2013, (UE) n.º 1309/2013, (UE) n.º 1316/2013, (UE) n.º 223/2014 y (UE) n.º 283/2014 y la Decisión n.º 541/2014/UE y por el que se deroga el Reglamento (UE, Euratom) n.º 966/2012 (DO L 193 de 30.7.2018, p. 1).

Artículo 18. Condiciones para el registro y la recepción de las asignaciones de cuotas

1. La cuota se asignará únicamente a los productores o importadores que dispongan de un establecimiento en la Unión, o que hayan nombrado a un representante exclusivo con un establecimiento en la Unión que asuma la plena responsabilidad del cumplimiento del presente Reglamento y de los requisitos del título II del Reglamento (CE) n.º 1907/2006. Dicho representante exclusivo podrá ser el mismo que el nombrado en virtud del artículo 8 del Reglamento (CE) n.º 1907/2006.

2. Únicamente los productores e importadores que tengan experiencia en actividades comerciales relacionadas con productos químicos o el mantenimiento de aparatos de refrigeración, de aire acondicionado o de protección contra incendios o de las bombas de calor durante los tres años consecutivos anteriores al período de asignación de cuotas podrán presentar la declaración a que se refiere el artículo 17, apartado 3, o recibir una asignación de cuotas sobre esa base de conformidad con el artículo 17, apartado 4. Los productores e importadores aportarán pruebas a tal efecto a la Comisión, previa solicitud.

3. A efectos de su registro en el portal de gases fluorados, los productores e importadores proporcionarán una dirección física en la que esté situada la empresa y desde donde desarrolle su actividad. Únicamente se registrará una empresa en una misma dirección física.

A efectos de la presentación de una declaración de cuota de conformidad con el artículo 17, apartado 3, y la recepción de una asignación de cuota de conformidad con el artículo 17, apartado 4, así como para determinar los valores de referencia con arreglo al artículo 17, apartado 1, todas las empresas que compartan el mismo titular real se considerarán una empresa única. Solo esa empresa única, que será la primera inscrita en el portal de gases fluorados a menos que el titular real indique otra cosa, tendrá derecho a un valor de referencia con arreglo al artículo 17, apartado 1, y a una asignación de cuota de conformidad con el artículo 17, apartado 4.

Artículo 19. Productos o aparatos precargados con hidrofluorocarburos

1. Los aparatos de refrigeración y aire acondicionado, las bombas de calor y los inhaladores dosificadores precargados con sustancias enumeradas en el anexo I, sección 1, no se introducirán en el mercado salvo que esas sustancias con las que los productos o aparatos han sido precargados se computen dentro del sistema de cuotas a que hace referencia este capítulo.

La prohibición establecida en el párrafo primero se aplicará a los inhaladores dosificadores a partir del 1 de enero de 2025.

2. Al introducir en el mercado los productos o aparatos precargados a que se refiere el apartado 1, los fabricantes e importadores de productos o aparatos se asegurarán de que el cumplimiento de lo dispuesto en el apartado 1 esté plenamente documentado y elaborarán una declaración de conformidad a este respecto.

Al elaborar la declaración de conformidad, los fabricantes e importadores de los productos o aparatos asumirán la responsabilidad del cumplimiento de lo dispuesto en el presente apartado y el apartado 1.

Los fabricantes e importadores de productos o aparatos conservarán la documentación y la declaración de conformidad durante un período mínimo de cinco años a partir de la introducción en el mercado de dichos productos o aparatos y las pondrán, previa solicitud, a disposición de la autoridad competente del Estado miembro interesado o de la Comisión.

3. Cuando los hidrofluorocarburos contenidos en los productos o aparatos mencionados en el apartado 1 no se hayan introducido en el mercado antes de la carga del producto o aparato, los importadores de dichos productos o aparatos se asegurarán de que, a más tardar el 30 de abril de 2025y posteriormente cada año, un auditor independiente registrado en el portal de gases fluorados confirme, para el año natural anterior, la exactitud de la documentación, la declaración de conformidad y la veracidad de su notificación con arreglo al artículo 26, apartado 7.

Dicho auditor independiente estará:

a) acreditado con arreglo a la Directiva 2003/87/CE del Parlamento Europeo y del Consejo[27], o

(27) Directiva 2003/87/CE del Parlamento Europeo y del Consejo, de 13 de octubre de 2003, por la que se establece un régimen para el comercio de derechos de emisión de gases de efecto invernadero en la Comunidad y por la que se modifica la Directiva 96/61/CE del Consejo (DO L 275 de 25.10.2003, p. 32).

b) acreditado para verificar estados financieros de acuerdo con la legislación del Estado miembro de que se trate.

4. La Comisión determinará, mediante actos de ejecución, las medidas pormenorizadas relativas a la declaración de conformidad a que se refiere el apartado 2, la verificación por parte del auditor independiente y la acreditación de los auditores. Dichos actos de ejecución se adoptarán de conformidad con el procedimiento de examen a que se refiere el artículo 34, apartado 2.

5. Un importador de productos o aparatos a los que se refiere el apartado 1 que no tenga ningún establecimiento en la Unión nombrará a un representante exclusivo con un establecimiento en la Unión que asuma la plena responsabilidad del cumplimiento del presente Reglamento. Dicho representante exclusivo podrá ser el mismo que el nombrado en virtud del artículo 8 del Reglamento (CE) n.º 1907/2006.

6. El presente artículo no será aplicable a las empresas que hayan introducido en el mercado menos de 10 toneladas equivalentes de CO_2 de hidrofluorocarburos al año contenidas en los productos o aparatos a que se refiere el apartado 1.

Artículo 20. Portal de gases fluorados

1. La Comisión creará y garantizará el funcionamiento de un sistema electrónico para la gestión del sistema de cuotas, los requisitos de licencias de importación y exportación y las obligaciones de notificación relativa a los gases fluorados de efecto invernadero (en lo sucesivo, «portal de gases fluorados»).

2. La Comisión garantizará la interconexión del portal de gases fluorados con el sistema de licencias con el entorno de ventanilla única de la UE para las aduanas a través del sistema de intercambio de certificados de la ventanilla única aduanera de la Unión Europea (EU CSW-CERTEX, por sus siglas en inglés), establecido en virtud del Reglamento (UE) 2022/2399.

3. Los Estados miembros garantizarán la interconexión de sus entornos de ventanilla única nacionales para las aduanas con el EU CSW-CERTEX a fin de intercambiar información con el portal de gases fluorados.

4. Las empresas deberán tener un registro válido en el portal de gases fluorados antes de realizar cualquiera de las actividades siguientes:

a) importar o exportar gases fluorados de efecto invernadero y productos y aparatos que contengan gases fluorados de efecto invernadero, excepto en el caso del almacenamiento temporal tal como se define en el artículo 5, punto 17, del Reglamento (UE) n.° 952/2013;

b) presentar una declaración con arreglo al artículo 17, apartado 3;

c) recibir una asignación de cuota para la introducción en el mercado de hidrofluorocarburos de conformidad con el artículo 17, apartado 4, realizar o recibir una transferencia de cuota de conformidad con el artículo 21, apartado 1, realizar o recibir una autorización de uso de cuota de conformidad con el artículo 21, apartado 2, o delegar dicha autorización de uso de cuota de conformidad con el artículo 21, apartado 3;

d) suministrar o recibir hidrofluorocarburos para los fines enumerados en el artículo 16, apartado 2, letras a) a e);

e) realizar el resto de actividades que requieran notificación con arreglo al artículo 26;

f) recibir derechos de producción con arreglo al artículo 14 y realizar o recibir una transferencia y una autorización de derechos de producción mencionadas en el artículo 15;

g) verificar la información mencionada en el artículo 19, apartado 3, y en el artículo 26, apartado 8.

El registro en el portal de gases fluorados únicamente será válido una vez que la Comisión lo valide y mientras que la Comisión no lo suspenda o revoque o la empresa no lo retire.

5. Un registro válido en el portal de gases fluorados en el momento de la importación o exportación constituye una licencia exigida en virtud del artículo 22.

6. La Comisión clarificará, en la medida de lo necesario y mediante actos de ejecución, las normas de registro en el portal de gases fluorados para garantizar el buen funcionamiento del portal de gases fluorados y la compatibilidad con el entorno de ventanilla única de la UE para las aduanas. Dichos actos de ejecución se adoptarán de conformidad con el procedimiento de examen a que se refiere el artículo 34, apartado 2.

7. Las autoridades competentes, incluidas las autoridades aduaneras de los Estados miembros tendrán acceso al portal de gases fluorados para permitir la aplicación de los requisitos y controles pertinentes. El acceso de las autoridades aduaneras al portal de gases fluorados se realizará a través del entorno de ventanilla única de la UE para las aduanas.

Las autoridades competentes de los Estados miembros y la Comisión garantizarán la confidencialidad de los datos incluidos en el portal de gases fluorados.

La Comisión pondrá a disposición del público, a más tardar tres meses después de que se haya completado la asignación para un año determinado, lo siguiente:

a) una lista de los titulares de cuotas;

b) una lista de las empresas sujetas a los requisitos de información establecidos en el artículo 26.

8. Toda solicitud presentada por productores e importadores para que se corrija la información registrada por ellos en el portal de gases fluorados, relativa a las transferencias de cuota a que se refiere el artículo 21, apartado 1, las autorizaciones de uso de cuota a que se refiere el artículo 21, apartado 2, o las delegaciones de autorizaciones a que se refiere el artículo 21, apartado 3, se comunicará a la Comisión, con el consentimiento de todas las empresas implicadas en la transacción, sin demora indebida y, a más tardar, el 31 de marzo del año siguiente al año en que se registre la transferencia de cuota, la autorización de uso de cuota o la delegación de la autorización, según proceda. La solicitud justificará con pruebas que demuestren que se trata de un error material.

No obstante el párrafo primero, se rechazarán las solicitudes para corregir los datos que afecten negativamente a los derechos de otros productores e importadores que no participen en la transacción subyacente.

Artículo 21. Transferencia de cuota y autorización de uso de cuota para la introducción en el mercado de hidrofluorocarburos en aparatos importados

1. Todo productor o importador para el que se haya determinado un valor de referencia en virtud del artículo 17, apartado 1, podrá transferir en el portal de gases fluorados su asignación de cuotas sobre la base del artículo 17, apartado 4, para todas o algunas cantidades, a otro productor o importador de la Unión o a otro productor o importador que esté representado en la Unión por un representante exclusivo contemplado en el artículo 18, apartado 1.

Una cuota transferida en virtud del párrafo primero no se transferirá por segunda vez.

2. Todo productor o importador para el que se haya determinado un valor de referencia con arreglo al artículo 17, apartado 1, podrá autorizar en el portal de gases fluorados a una empresa en la Unión o representada en la Unión por un representante exclusivo contemplado en el artículo 19, apartado 5, a usar la totalidad o parte de su cuota a efectos de la importación de aparatos precargados a que se refiere el artículo 19.

Se considerará que el productor o importador que da su autorización ya ha introducido en el mercado las cantidades respectivas de hidrofluorocarburos en el momento de la autorización.

3. Toda empresa que reciba autorizaciones podrá delegar dichas autorizaciones de uso de cuota recibidas de conformidad con el apartado 2 en el portal de gases fluorados a una empresa con el fin de importar los aparatos precargados a que se refiere el artículo 19. Una autorización delegada no se delegará por segunda vez.

4. Las transferencias de cuota, las autorizaciones de uso de cuota y las delegaciones de autorizaciones realizadas a través del portal de gases fluorados únicamente serán válidas si la empresa receptora las acepta a través del portal de gases fluorados.

CAPÍTULO V

Comercio

Artículo 22. Importaciones y exportaciones

1. La importación y exportación de gases fluorados de efecto invernadero y de productos y aparatos que contengan dichos gases o cuyo funcionamiento dependa de ellos estarán supeditadas a la presentación de una licencia válida a las autoridades aduaneras expedida por la Comisión de conformidad con el artículo 20, apartados 4 y 5, excepto en el caso de depósito temporal.

El presente apartado no se aplicará a los productos y aparatos que sean efectos personales.

2. Los gases fluorados de efecto invernadero importados en la Unión se considerarán gases vírgenes.

3. A partir del 12 de marzo de 2025, se prohibirá la exportación de espumas, aerosoles técnicos, aparatos de refrigeración y de aire acondicionado fijos y bombas de calor fijas a que se refiere el anexo IV que contengan gases fluorados de efecto invernadero, o cuyo funcionamiento dependa de ellos, con un PCG igual o superior a 1 000.

La prohibición establecida en el párrafo primero no se aplicará a los equipos militares ni a los productos y aparatos que puedan introducirse en el mercado de la Unión de conformidad con el anexo IV.

4. Como excepción a lo dispuesto en el apartado 3, la Comisión podrá, mediante actos de ejecución, en casos de carácter excepcional, previa solicitud motivada de la autoridad competente del Estado miembro interesado y teniendo en cuenta los objetivos del presente Reglamento, autorizar la exportación de los productos y aparatos a que se refiere el apartado 3 cuando se demuestre que, habida cuenta del valor económico y de la vida útil restante prevista de las mercancías de que se trate, la prohibición de exportación impondría una carga desproporcionada al exportador. Dichas exportaciones únicamente se autorizarán si se ajustan al Derecho nacional del país de destino.

Dichos actos de ejecución se adoptarán de conformidad con el procedimiento de examen a que se refiere el artículo 34, apartado 2.

5. Las empresas que tengan un establecimiento en la Unión adoptarán todas las medidas necesarias para garantizar que la exportación de aparatos de refrigeración, aparatos de aire acondicionado y bombas de calor no infrinja las restricciones a la importación que el Estado importador haya notificado en virtud del Protocolo.

Artículo 23. Controles del comercio

1. Las autoridades aduaneras y las autoridades de vigilancia del mercado harán cumplir las prohibiciones y otras restricciones establecidas en el presente Reglamento con respecto a las importaciones y las exportaciones.

2. A efectos del despacho a libre práctica, la empresa titular de una cuota o de una autorización de uso de cuota exigida por el presente Reglamento y registrada en el portal de gases fluorados de conformidad con el artículo 20 será el importador indicado en la declaración en aduana.

A efectos de las importaciones distintas del despacho a libre práctica, la empresa registrada en el portal de gases fluorados de conformidad con el artículo 20 será el declarante indicado en la declaración en aduana que sea el titular de la autorización para un régimen especial distinto del régimen de tránsito, a menos que exista una transferencia de derechos y obligaciones con arreglo al artículo 218 del Reglamento (UE) n.º 952/2013 para permitir que otra persona sea el declarante. En el caso del régimen de tránsito, la empresa titular de una cuota o de una autorización de uso de cuota exigida por el presente Reglamento será el titular del régimen.

A efectos de las exportaciones, la empresa registrada en el portal de gases fluorados con arreglo al artículo 20 será el exportador indicado en la declaración en aduana.

3. En el caso de las importaciones de gases fluorados de efecto invernadero y productos y aparatos que contengan dichos gases o cuyo funcionamiento dependa de ellos, el importador o, cuando no esté disponible, el declarante indicado en la declaración en aduana o en la declaración de depósito temporal y, en caso de exportación, el exportador indicado en la declaración en aduana, proporcionará a las autoridades aduaneras la siguiente información, cuando proceda, en la declaración en aduana:

a) el número de identificación del registro en el portal de gases fluorados;

b) el número de registro e identificación de los operadores económicos (EORI, por sus siglas en inglés);

c) la masa neta de los gases a granel y de los gases contenidos en productos y aparatos, y en sus partes;

d) el código de artículo en el que se clasifican las mercancías;

e) las toneladas equivalentes de CO_2 de los gases a granel y de los gases contenidos en los productos o aparatos, y en sus partes.

4. Las autoridades aduaneras comprobarán, en particular, si, en caso de despacho a libre práctica, el importador indicado en la declaración en aduana dispone de una cuota o de autorizaciones de uso de cuota, según lo exigido en virtud del presente Reglamento, antes de despachar las mercancías a libre práctica. Las autoridades aduaneras también se asegurarán de que, en el caso de las importaciones, el importador indicado en la declaración en aduana o, cuando no esté disponible, el declarante, y en el caso de las exportaciones, el exportador indicado en la declaración en aduana se registre en el portal de gases fluorados de conformidad con el artículo 20.

5. Cuando proceda, las autoridades aduaneras comunicarán la información relativa al despacho de aduana de las mercancías al portal de gases fluorados a través del entorno de ventanilla única de la UE para las aduanas.

6. Los importadores de gases fluorados de efecto invernadero enumerados en el anexo I y en el anexo II, sección 1, en recipientes rellenables pondrán a disposición de las autoridades aduaneras en el momento de la presentación de la declaración en aduana relativa al despacho a libre práctica, una declaración de conformidad a que se refiere el artículo 11, apartado 4 que incluya pruebas que confirmen los mecanismos vigentes para la devolución del recipiente a efectos de relleno.

7. Los importadores de gases fluorados de efecto invernadero pondrán a disposición de las autoridades aduaneras en el momento de presentar la declaración en aduana relativa al despacho a libre práctica, las pruebas a que se refiere el artículo 4, apartado 6.

8. La declaración de conformidad y la documentación a que se refiere el artículo 19, apartado 2, se pondrán a disposición de las autoridades aduaneras en el momento en que se presente la declaración en aduana relativa al despacho a libre práctica.

9. Las autoridades aduaneras verificarán el cumplimiento de las normas sobre importaciones y exportaciones establecidas en el presente Reglamento, cuando efectúen los controles sobre la base del análisis de riesgos en el contexto del sistema de gestión de los riesgos aduaneros y de conformidad con el artículo 46 del Reglamento (UE) n.º 952/2013. Ese análisis de riesgos tendrá en cuenta, en particular, toda la información disponible sobre la probabilidad de comercio ilegal de gases fluorados de efecto invernadero y el historial de cumplimiento de la empresa de que se trate.

10. Sobre la base del análisis de riesgos, al efectuar controles aduaneros físicos de sustancias, productos y aparatos regulados por el presente Reglamento, la autoridad aduanera verificará, en particular, lo siguiente en relación con las importaciones y las exportaciones:

a) que las mercancías presentadas corresponden a las descritas en la licencia y en la declaración en aduana;

b) que el producto o aparato presentado no está sujeto a las prohibiciones contempladas en el artículo 11, apartados 1 y 3;

c) que las mercancías están convenientemente etiquetadas de conformidad con el artículo 12 antes de que sean despachadas a libre práctica.

El importador, o cuando no esté disponible, el declarante o el exportador, según corresponda, pondrá la licencia a disposición de las autoridades aduaneras durante los controles efectuados de conformidad con el artículo 15 del Reglamento (UE) n.º 952/2013.

11. Las autoridades aduaneras o las autoridades de vigilancia del mercado adoptarán todas las medidas necesarias para evitar las tentativas de importar o exportar las sustancias, productos y aparatos regulados por el presente Reglamento que ya no estén autorizados a entrar o salir del territorio.

12. Las autoridades aduaneras confiscarán o decomisarán los recipientes no rellenables a que se refiere el artículo 11, apartado 3, párrafo segundo, letra a), del presente Reglamento que estén prohibidos por el presente Reglamento para su eliminación mediante destrucción de conformidad con los artículos 197 y 198 del Reglamento (UE) n.º 952/2013, o informarán a las autoridades competentes a fin de garantizar la confiscación y el decomiso de dichos recipientes para su eliminación mediante destrucción. Las autoridades de vigilancia del mercado también retirarán o recuperarán del mercado dichos recipientes de conformidad con el artículo 16 del Reglamento (UE) 2019/1020.

En otros casos, no contemplados en el párrafo primero, de importación, suministro posterior o exportación ilícitos realizados incumpliendo el presente Reglamento, en particular cuando los gases fluorados de efecto invernadero enumerados en el anexo I, sección 1, se introduzcan en el mercado a granel o se carguen en productos y aparatos que incumplan los requisitos de cuota y autorización establecidos en el presente Reglamento, las autoridades aduaneras o las autoridades de vigilancia del mercado podrán adoptar medidas alternativas. Dichas medidas podrán incluir la subasta, siempre que la ulterior introducción en el mercado se ajuste a lo dispuesto en el presente Reglamento.

Se prohibirá la exportación de los gases fluorados de efecto invernadero enumerados en el anexo I, sección 1, para los que se haya constatado un incumplimiento después de su despacho a libre práctica.

13. Los Estados miembros designarán o aprobarán aduanas u otros lugares y especificarán el itinerario hacia esas aduanas y lugares, de conformidad con los artículos 135 y 267 del Reglamento (UE) n.º 952/2013, para la presentación en aduana de los gases fluorados de efecto invernadero enumerados en el anexo I y de los productos y aparatos mencionados en el artículo 19 del presente Reglamento, a su entrada en el territorio aduanero de la Unión o a su salida de él. Los controles serán efectuados por personal de la aduana u otras personas autorizadas de conformidad con las normas nacionales, que tengan conocimiento sobre las cuestiones relacionadas con la prevención de actividades ilegales cubiertas por el presente Reglamento y cuenten con acceso a equipos adecuados para efectuar los controles físicos pertinentes basados en el análisis de riesgos.

Únicamente las aduanas u otros lugares designados o aprobados a los que se refiere el párrafo primero estarán autorizados a abrir o finalizar un régimen de tránsito de los gases y productos o aparatos regulados en el presente Reglamento.

Artículo 24. Medidas de seguimiento del comercio ilegal

1. Sobre la base del seguimiento periódico del comercio de gases fluorados de efecto invernadero y de la evaluación de los riesgos potenciales de comercio ilegal vinculados a los movimientos de gases fluorados de efecto invernadero y de productos y aparatos que contengan dichos gases o cuyo funcionamiento dependa de ellos, la Comisión estará facultada para adoptar actos delegados con arreglo al artículo 32 a fin de:

a) completar el presente Reglamento especificando los criterios que deben tener en cuenta las autoridades competentes de los Estados miembros al efectuar los controles, de conformidad con el artículo 29, para determinar si las empresas cumplen las obligaciones que les incumben en virtud del presente Reglamento;

b) completar el presente Reglamento especificando los requisitos que deben controlarse al realizar un seguimiento, de conformidad con el artículo 23, de los gases fluorados de efecto invernadero y de los productos y aparatos que contengan dichos gases o cuyo funcionamiento dependa de ellos, colocados en régimen de depósito temporal o en un régimen aduanero, incluidos el depósito aduanero o el régimen de zona franca, o en tránsito por el territorio aduanero de la Unión;

c) modificar el presente Reglamento añadiendo metodologías de rastreo de los gases fluorados de efecto invernadero introducidos en el mercado para el seguimiento, de conformidad con el artículo 22, de las importaciones y exportaciones de gases fluorados de efecto invernadero y los productos y aparatos que contengan dichos gases, o cuyo funcionamiento dependa de ellos, colocados en régimen de depósito temporal o en un régimen aduanero.

2. Al adoptar un acto delegado con arreglo al apartado 1, la Comisión tendrá en cuenta los beneficios medioambientales y las repercusiones socioeconómicas de la metodología que se establezca con arreglo a las letras a), b) y c) de dicho apartado.

Artículo 25. Comercio con Estados u organizaciones regionales de integración económica y territorios no incluidos en el Protocolo

1. A partir del 1 de enero de 2028, se prohibirá la importación y exportación de hidrofluorocarburos y de productos y aparatos que contengan hidrofluorocarburos o cuyo funcionamiento dependa de dichos gases desde y hacia cualquier Estado u organización de integración económica regional que no haya aceptado quedar vinculado por las disposiciones del Protocolo aplicables a esos gases.

2. La Comisión estará facultada para adoptar actos delegados con arreglo al artículo 32 por los que se complete el presente Reglamento estableciendo las normas aplicables al despacho a libre práctica y a la exportación de productos y aparatos importados y exportados desde y hacia cualquier Estado u organización regional de integración económica en el sentido del apartado 1, que hayan sido producidos usando hidrofluorocarburos pero que no contengan gases que puedan identificarse positivamente como hidrofluorocarburos, así como normas sobre la identificación de dichos productos y aparatos. Al adoptar dichos actos delegados, la Comisión tendrá en cuenta las decisiones pertinentes adoptadas por las Partes en el Protocolo y, por lo que se refiere a las normas sobre la identificación de dichos productos y aparatos, todo asesoramiento técnico periódico prestado a las Partes en el Protocolo.

3. Como excepción a lo dispuesto en el apartado 1, la Comisión podrá autorizar, mediante actos de ejecución, el comercio con cualquier Estado u organización regional de integración económica en el sentido del apartado 1 de hidrofluorocarburos y de productos y aparatos que contengan hidrofluorocarburos o cuyo funcionamiento dependa de ellos o que se produzcan mediante uno o varios de dichos gases, en la medida en que en una reunión de las Partes en el Protocolo con arreglo al artículo 4, apartado 8, de dicho Protocolo se determine que el Estado o la organización regional de integración económica cumple plenamente el Protocolo y haya presentado a tal fin los datos especificados en el artículo 7 del Protocolo. Dichos actos de ejecución se adoptarán de conformidad con el procedimiento de examen a que se refiere el artículo 34, apartado 2.

4. Sin perjuicio de cualquier decisión adoptada por las Partes en el Protocolo a que se refiere el apartado 2, se aplicará lo dispuesto en el apartado 1 a todo territorio no incluido en el Protocolo en las mismas condiciones en que tales decisiones se apliquen a cualquier Estado u organización de integración económica regional en el sentido del apartado 1.

5. En el caso de que las autoridades de un territorio no incluido en el Protocolo cumplan plenamente lo dispuesto en el Protocolo y hayan proporcionado a tal fin los datos especificados en el artículo 7 de dicho Protocolo, la Comisión podrá decidir, mediante actos de ejecución, que no sean aplicables respecto de ese territorio alguna o ninguna de las disposiciones del apartado 1 del presente artículo. Dichos actos de ejecución se adoptarán de conformidad con el procedimiento de examen a que se refiere el artículo 34, apartado 2.

CAPÍTULO VI

Notificación y recogida de datos sobre emisiones

Artículo 26. Notificación de datos por las empresas

1. A más tardar el 31 de marzo de 2025 y posteriormente cada año, cada productor, importador y exportador que haya producido, importado o exportado hidrofluorocarburos o cantidades superiores a una tonelada métrica o a 100 toneladas equivalentes de CO_2 de otros gases fluorados de efecto invernadero durante el año natural anterior notificará a la Comisión los datos especificados en el anexo IX sobre cada una de esas sustancias para ese año natural. El presente apartado será igualmente aplicable a todas las empresas que reciban cuota con arreglo a lo dispuesto en el artículo 21, apartado 1.

A más tardar el 31 de marzo de 2024 y posteriormente cada año, cada productor o importador al que se haya asignado una cuota con arreglo a lo dispuesto en el artículo 17, apartado 4, o al que se le haya transferido una cuota con arreglo a lo dispuesto en el artículo 21, apartado 1, pero que no haya introducido en el mercado ninguna cantidad de hidrofluorocarburos durante el año natural anterior, lo notificará a la Comisión mediante la presentación de un «informe cero».

2. A más tardar el 31 de marzo de 2025 y posteriormente cada año, cada empresa que haya destruido hidrofluorocarburos o cantidades de otros gases fluorados de efecto invernadero superiores a una tonelada métrica o a 100 toneladas equivalentes de CO_2 durante el año natural anterior notificará a la Comisión los datos especificados en el anexo IX sobre cada una de esas sustancias para ese año natural.

3. A más tardar el 31 de marzo de 2025 y posteriormente cada año, cada empresa que haya usado una cantidad igual o superior a 1 000 toneladas equivalentes de CO_2 de gases fluorados de efecto invernadero enumerados en el anexo I como materia prima durante el año natural anterior comunicará a la Comisión los datos que se especifican en el anexo IX en relación con cada una de esas sustancias para ese año natural.

4. A más tardar el 31 de marzo de 2025 y posteriormente cada año, cada empresa que haya introducido en el mercado una cantidad igual o superior a 10 toneladas equivalentes de CO_2 de hidrofluorocarburos, o una cantidad igual o superior a 100 toneladas equivalentes de CO_2 de otros gases fluorados de efecto invernadero, contenidos en productos o aparatos, durante el año natural anterior notificará a la Comisión los datos especificados en el anexo IX sobre cada una de esas sustancias para ese año natural.

5. A más tardar el 31 de marzo de 2025 y posteriormente cada año, cada empresa que haya recibido cualquier cantidad de hidrofluorocarburos a que se refiere el artículo 16, apartado 2, notificará a la Comisión los datos especificados en el anexo IX sobre cada una de esas sustancias para ese año natural.

A más tardar el 31 de marzo de 2025 y posteriormente cada año, cada productor o importador que haya introducido en el mercado hidrofluorocarburos con el fin de fabricar inhaladores dosificadores para la administración de ingredientes farmacéuticos notificará a la Comisión los datos especificados en el anexo IX. Los fabricantes de dichos inhaladores dosificadores notificarán a la Comisión los datos especificados en el anexo IX sobre los hidrofluorocarburos recibidos.

6. A más tardar el 31 de marzo de 2025 y posteriormente cada año, cada empresa que haya regenerado cantidades superiores a 1 tonelada métrica o 100 toneladas equivalentes de CO_2 de gases fluorados de efecto invernadero notificará a la Comisión los datos especificados en el anexo IX sobre cada una de esas sustancias para ese año natural.

7. A más tardar el 30 de abril de 2025 y posteriormente cada año, cada importador de aparatos que haya introducido en el mercado aparatos precargados a que se refiere el artículo 19 que contengan al menos 1 000toneladas equivalentes de CO_2 de hidrofluorocarburos, cuando dichos hidrofluorocarburos no hayan sido introducidos en el mercado antes de la carga del aparato, presentará a la Comisión un informe de verificación emitido de conformidad con el artículo 19, apartado 3.

8. A más tardar el 30 de abril de 2025y posteriormente cada año, cada empresa que, en virtud del apartado 1, notifique la introducción en el mercado de una cantidad igual o superior a 1000 toneladas equivalentes de CO_2 de hidrofluorocarburos durante el año natural anterior, garantizará además que un auditor independiente confirme, con un nivel de garantía razonable, la veracidad de su notificación. El auditor estará registrado en el portal de gases fluorados y estará acreditado:

a) con arreglo a la Directiva 2003/87/CE, o

b) para verificar estados financieros de acuerdo con la legislación del Estado miembro de que se trate.

Las transacciones a que se refiere el artículo 16, apartado 2, letra c), se verificarán con independencia de las cantidades de que se trate.

La Comisión podrá solicitar a una empresa que garantice que un auditor independiente confirme la veracidad de su notificación con un nivel de garantía razonable, independientemente de las cantidades implicadas, cuando sea necesario para confirmar el cumplimiento de las normas del presente Reglamento por parte de la empresa.

La Comisión podrá especificar, mediante actos de ejecución, los detalles de la verificación de la notificación y de la acreditación de los auditores. Dichos actos de ejecución se adoptarán de conformidad con el procedimiento de examen a que se refiere el artículo 34, apartado 2.

9. Toda notificación y verificación a que se refiere el presente artículo se realizarán a través del portal de gases fluorados.

La Comisión podrá determinar, mediante actos de ejecución, el formato de transmisión de las notificaciones a que se refiere el presente artículo. Dichos actos de ejecución se adoptarán de conformidad con el procedimiento de examen a que se refiere el artículo 34, apartado 2.

Artículo 27. Recopilación de datos sobre emisiones

Los Estados miembros establecerán sistemas de notificación para los sectores pertinentes a que se refiere el presente Reglamento, con el objetivo de obtener datos sobre emisiones.

Los Estados miembros permitirán, cuando proceda, el registro de la información recogida de conformidad con el artículo 7 a través de un sistema electrónico centralizado.

La Comisión podrá proporcionar orientaciones para el diseño del sistema electrónico centralizado por los Estados miembros.

CAPÍTULO VII

Ejecución

Artículo 28. Cooperación e intercambio de información

1. Cuando sea necesario a fin de garantizar el cumplimiento del presente Reglamento, las autoridades competentes de cada Estado miembro, incluidas las autoridades aduaneras, las autoridades de vigilancia del mercado, las autoridades medioambientales y cualquier otra autoridad competente con funciones de inspección, cooperarán entre sí, con las autoridades competentes de otros Estados miembros, con la Comisión y, en caso necesario, con las autoridades administrativas de terceros países.

Cuando sea necesaria la cooperación con las autoridades aduaneras para garantizar la correcta aplicación del sistema de gestión de los riesgos aduaneros, las autoridades competentes de los Estados miembros proporcionarán toda la información necesaria a las autoridades aduaneras de conformidad con el artículo 47, apartado 2, del Reglamento (UE) n.º 952/2013.

2. Cuando las autoridades aduaneras, las autoridades de vigilancia del mercado o cualquier otra autoridad competente de un Estado miembro detecten una infracción del presente Reglamento, dicha autoridad competente lo notificará a la autoridad medioambiental o, si no procede, a cualquier otra autoridad responsable de la aplicación de sanciones de conformidad con el artículo 31.

3. Los Estados miembros garantizarán que sus autoridades competentes puedan acceder de manera eficiente a toda la información necesaria para la aplicación del presente Reglamento e intercambiarla entre ellas. Dicha información incluirá datos aduaneros, información sobre la propiedad y la situación financiera o cualquier incumplimiento del Derecho medioambiental, así como los datos registrados en el portal de gases fluorados.

La información a que se refiere el párrafo primero también se pondrá a disposición de las autoridades competentes de otros Estados miembros y de la Comisión cuando sea necesario para garantizar la aplicación del presente Reglamento. Las autoridades competentes informarán inmediatamente a la Comisión de las infracciones del artículo 16, apartado 1.

4. Las autoridades competentes alertarán a las autoridades competentes de otros Estados miembros cuando detecten una infracción del presente Reglamento que pueda afectar a más de un Estado miembro. Las autoridades competentes, en particular, informarán a las autoridades competentes de otros Estados miembros cuando detecten en el mercado un producto relevante que no cumpla lo dispuesto en el presente Reglamento, para posibilitar su decomiso, confiscación, retirada o recuperación del mercado para su eliminación.

Se utilizará el sistema de gestión de los riesgos aduaneros para el intercambio de información relacionada con los riesgos aduaneros.

Las autoridades aduaneras intercambiarán asimismo cualquier información pertinente relacionada con el incumplimiento del presente Reglamento de conformidad con el Reglamento (CE) n.º 515/97 del Consejo[28]y solicitarán la asistencia de los demás Estados miembros y de la Comisión cuando sea necesario.

(28) Reglamento (CE) n.º 515/97 del Consejo, de 13 de marzo de 1997, relativo a la asistencia mutua entre las autoridades administrativas de los Estados miembros y a la colaboración entre estas y la Comisión con objeto de asegurar la correcta aplicación de las reglamentaciones aduanera y agraria (DO L 82 de 22.3.1997, p. 1).

Artículo 29. Obligación de efectuar controles

1. Las autoridades competentes de los Estados miembros efectuarán controles para determinar si las empresas cumplen las obligaciones que les incumben en virtud del presente Reglamento.

2. Los controles se efectuarán siguiendo un enfoque basado en el riesgo, que tenga en cuenta, en particular, el historial de cumplimiento de las empresas, el riesgo de incumplimiento del presente Reglamento por parte de un producto concreto y cualquier otra información pertinente recibida de la Comisión, las autoridades aduaneras, las autoridades de vigilancia del mercado, las autoridades medioambientales y otras autoridades con funciones de inspección de los Estados miembros, o de las autoridades competentes de terceros países.

Las autoridades competentes de los Estados miembros también efectuarán controles cuando estén en posesión de pruebas u otra información pertinente, incluida la basada en preocupaciones justificadas expresadas por terceros o por la Comisión, en relación con un posible incumplimiento del presente Reglamento.

3. Los controles a que se refieren los apartados 1 y 2 incluirán:

a) visitas in situ a establecimientos con la frecuencia adecuada, así como la verificación de la documentación y el equipo pertinentes, y

b) controles de las plataformas en línea con arreglo al presente apartado.

Sin perjuicio de lo dispuesto en el Reglamento (UE) 2022/2065 del Parlamento Europeo y del Consejo[29], cuando una plataforma en línea que entre en el ámbito de aplicación del capítulo III, sección 4, de dicho Reglamento permita que se celebren contratos a distancia con empresas que ofrezcan gases fluorados de efecto invernadero o productos y aparatos que contengan dichos gases, las autoridades competentes de los Estados miembros verificarán si la empresa, los gases fluorados de efecto invernadero, los productos o los aparatos ofrecidos cumplen los requisitos establecidos en el presente Reglamento. Las autoridades competentes de los Estados miembros informarán y cooperarán con la Comisión y con las autoridades competentes pertinentes a que se refiere el artículo 49 del Reglamento (UE) 2022/2065 con el fin de garantizar el cumplimiento de dicho Reglamento.

(29) Reglamento (UE) 2022/2065 del Parlamento Europeo y del Consejo, de 19 de octubre de 2022, relativo a un mercado único de servicios digitales y por el que se modifica la Directiva 2000/31/CE (Reglamento de Servicios Digitales) (DO L 277 de 27.10.2022, p. 1).

Los controles se efectuarán sin previo aviso a la empresa, excepto cuando sea necesaria la notificación previa a fin de garantizar la eficacia de los controles. Los Estados miembros se asegurarán de que las empresas presten a las autoridades competentes toda la asistencia necesaria para que dichas autoridades puedan efectuar los controles previstos en el presente artículo.

4. Las autoridades competentes de los Estados miembros llevarán registros de los controles en los que se indicarán, en particular, su naturaleza y sus resultados, así como las medidas

adoptadas en caso de no conformidad. Los registros de todos los controles se conservarán durante al menos cinco años.

5. A instancias de otro Estado miembro, un Estado miembro podrá efectuar controles u otra investigación oficial de cualquier empresa sospechosa de estar implicada en el traslado ilegal de gases, productos o aparatos incluidos en el ámbito de aplicación del presente Reglamento y que opere en su territorio. Se informará al Estado miembro solicitante del resultado de los controles o de la investigación.

6. En el desempeño de las funciones que le asigna el presente Reglamento, la Comisión podrá solicitar toda la información necesaria a las autoridades competentes de los Estados miembros, así como a las empresas. Cuando envíe una solicitud de información a una empresa, la Comisión remitirá al mismo tiempo copia de la solicitud a la autoridad competente del Estado miembro en cuyo territorio se encuentre la sede de la empresa.

7. La Comisión adoptará las medidas adecuadas con vistas a promover un intercambio de información y una cooperación adecuados entre las autoridades competentes de los Estados miembros, así como entre dichas autoridades competentes y la Comisión. La Comisión adoptará las medidas oportunas para garantizar el carácter confidencial de la información obtenida en virtud del presente artículo.

Artículo 30. Denuncia de infracciones y protección de las personas que denuncien tales infracciones

La Directiva (UE) 2019/1937 se aplicará a la denuncia de infracciones del presente Reglamento y a la protección de las personas que denuncien tales infracciones.

CAPÍTULO VIII

Sanciones, foro consultivo, procedimiento de comité y ejercicio de la delegación

Artículo 31. Sanciones

1. Sin perjuicio de las obligaciones de los Estados miembros en virtud de la Directiva 2008/99/CE del Parlamento Europeo y del Consejo[30], los Estados miembros establecerán el régimen de sanciones aplicables a cualquier infracción del presente Reglamento y adoptarán todas las medidas necesarias para garantizar la ejecución de dichas sanciones. Antes del 1 de enero de 2026, los Estados miembros comunicarán a la Comisión el régimen establecido y las medidas adoptadas, y le notificarán sin demora toda modificación posterior.

(30) Directiva 2008/99/CE del Parlamento Europeo y del Consejo, de 19 de noviembre de 2008, relativa a la protección del medio ambiente mediante el Derecho penal (DO L 328 de 6.12.2008, p. 28).

2. Las sanciones serán efectivas, proporcionadas y disuasorias, y se determinarán tendiendo debidamente en cuenta lo siguiente, según proceda:

a) la naturaleza y la gravedad de la infracción;

b) la población humana o el medio ambiente afectado por la infracción, teniendo en cuenta la necesidad de garantizar un nivel elevado de protección de la salud humana y del medio ambiente;

c) cualquier infracción anterior del presente Reglamento por parte de la empresa considerada responsable;

d) la situación financiera de la empresa considerada responsable.

3. Las sanciones incluirán:

a) sanciones pecuniarias administrativas de conformidad con el apartado 4; no obstante, los Estados miembros podrán también, o como alternativa, aplicar sanciones penales, siempre que sean efectivas, proporcionadas y disuasorias de un modo equivalente a las sanciones pecuniarias administrativas;

b) la confiscación o el decomiso, o la retirada del mercado, o la toma de posesión por parte de las autoridades competentes de los Estados miembros de mercancías obtenidas ilegalmente;

c) la prohibición temporal de usar, producir, importar, exportar o introducir en el mercado los gases fluorados de efecto invernadero o productos y aparatos que contengan gases fluorados de efecto invernadero o cuyo funcionamiento dependa de ellos, en caso de infracciones graves o reiteradas.

4. Las sanciones pecuniarias administrativas a que se refiere el apartado 3, letra a), serán proporcionadas al daño medioambiental, cuando proceda, y privarán efectivamente a los responsables de los beneficios económicos derivados de sus infracciones. El nivel de las sanciones pecuniarias administrativas aumentará gradualmente en caso de reincidencia.

En los casos de producción, importación, exportación, introducción en el mercado o uso ilícitos de gases fluorados de efecto invernadero o de productos y aparatos que contengan dichos gases o cuyo funcionamiento dependa de ellos, el importe máximo de las sanciones pecuniarias administrativas será al menos cinco veces el valor de mercado de los gases o productos y aparatos de que se trate. En caso de reincidencia en un período de cinco años, el importe máximo de las sanciones pecuniarias administrativas será al menos ocho veces superior al valor de mercado de los gases o productos y aparatos de que se trate.

5. Además de las sanciones a que se refiere el apartado 1, las empresas que hayan introducido en el mercado hidrofluorocarburos excediendo su cuota, asignada de conformidad con el artículo 17, apartado 4, o transferida de conformidad con el artículo 21, apartado 1, únicamente podrán recibir la asignación de una cuota reducida para el período de asignación siguiente a aquel en que se haya detectado el exceso.

La cuantía de la reducción se calculará como el 200 % de la cuantía en la que se haya excedido la cuota. Si la cuantía de la reducción es superior a la cuantía que se debería asignar con arreglo al artículo 17, apartado 4, como una cuota para el período de asignación siguiente a aquel en que se haya detectado el exceso, no se asignará ninguna cuota para ese período de asignación y las cuotas de los siguientes períodos de asignación se reducirán análogamente hasta que se haya deducido la cuantía total. Las reducciones se registrarán en el portal de gases fluorados.

Artículo 32. Ejercicio de la delegación

1. Se otorgan a la Comisión los poderes para adoptar actos delegados en las condiciones establecidas en el presente artículo.

2. Los poderes para adoptar los actos delegados mencionados en el artículo 8, apartado 12, el artículo 12, apartado 18, el artículo 16, apartado 3, el artículo 17, apartado 6, el artículo 24, apartado 1, artículo 25, apartado 2, y el artículo 35, apartados 1 y 2, se otorgan a la Comisión por un tiempo indefinido a partir del 11 de marzo de 2024.

3. La delegación de poderes mencionada en el artículo 8, apartado 12, el artículo 12, apartado 18, el artículo 16, apartado 3, el artículo 17, apartado 6, el artículo 24, apartado 1, artículo 25, apartado 2, y el artículo 35, apartados 1 y 2, podrá ser revocada en cualquier momento por el Parlamento Europeo o por el Consejo. La decisión de revocación pondrá término a la delegación de los poderes que en ella se especifiquen. La decisión surtirá efecto el día siguiente al de su publicación en el Diario Oficial de la Unión Europea o en una fecha posterior indicada en ella. No afectará a la validez de los actos delegados que ya estén en vigor.

4. Antes de la adopción de un acto delegado, la Comisión consultará a los expertos designados por cada Estado miembro de conformidad con los principios establecidos en el Acuerdo interinstitucional de 13 de abril de 2016sobre la mejora de la legislación.

5. Tan pronto como la Comisión adopte un acto delegado lo notificará simultáneamente al Parlamento Europeo y al Consejo.

6. Los actos delegados adoptados en virtud del artículo 8, apartado 12, el artículo 12, apartado 18, el artículo 16, apartado 3, el artículo 17, apartado 6, el artículo 24, apartado

1, artículo 25, apartado 2, y el artículo 35, apartados 1 y 2, entrarán en vigor únicamente si, en un plazo de dos meses a partir de su notificación al Parlamento Europeo y al Consejo, ninguna de estas instituciones formula objeciones o si, antes del vencimiento de dicho plazo, ambas informan a la Comisión de que no las formularán. El plazo se prorrogará dos meses a iniciativa del Parlamento Europeo o del Consejo.

Artículo 33. Foro consultivo

La Comisión creará un Foro consultivo para proporcionar asesoramiento y conocimientos especializados en relación con la aplicación del presente Reglamento. La Comisión establecerá y publicará el reglamento interno del Foro consultivo. En el Foro consultivo participará, cuando proceda, la Agencia Europea de Medicamentos.

Artículo 34. Procedimiento de comité

1. La Comisión estará asistida por un comité sobre gases fluorados de efecto invernadero. Dicho comité será un comité en el sentido del Reglamento (UE) n.º 182/2011.

2. En los casos en que se haga referencia al presente apartado, se aplicará el artículo 5 del Reglamento (UE) n.º 182/2011.

CAPÍTULO IX

Disposiciones transitorias y finales

Artículo 35. Revisión

1. La Comisión estará facultada para adoptar actos delegados con arreglo al artículo 32 para modificar los anexos I, II, III y VI por lo que respecta al potencial de calentamiento atmosférico de los gases enumerados en él, cuando sea necesario a la luz de los nuevos informes de evaluación adoptados por el IPCC o de los nuevos informes del Grupo de Evaluación Científica del Protocolo.

2. La Comisión estará facultada para adoptar actos delegados con arreglo al artículo 32 para modificar las listas de gases de los anexos I, II y III cuando el Grupo de Evaluación Científica del Protocolo u otra autoridad de rango equivalente haya constatado que dichos gases tienen repercusiones significativas sobre el clima y cuando dichos gases se exporten, importen, produzcan o introduzcan en el mercado en cantidades significativas.

3. A más tardar el 1 de julio de 2027, la Comisión publicará un informe en que evalúe si existen alternativas rentables, técnicamente viables, energéticamente eficientes y fiables que permitan sustituir los gases fluorados de efecto invernadero en los equipos móviles de refrigeración y los equipos móviles de aire acondicionado y, si procede, presentará al

Parlamento Europeo y al Consejo una propuesta legislativa con objeto de modificar la lista que figura en el anexo IV.

4. A más tardar el 1 de julio de 2028, la Comisión publicará un informe en el que se evalúe el impacto del presente Reglamento en el sector sanitario, en particular la disponibilidad de inhaladores dosificadores para la administración de ingredientes farmacéuticos, así como el impacto en el mercado de los aparatos de refrigeración utilizados en combinación con baterías.

5. A más tardar el 1 de enero de 2030, la Comisión publicará un informe sobre las repercusiones del presente Reglamento.

En el informe, se incluirá también una evaluación de lo siguiente:

a) si existen alternativas rentables, técnicamente viables, eficientes desde el punto de vista energético, suficientemente disponibles y fiables que hagan posible la sustitución de los gases fluorados de efecto invernadero en los productos y aparatos enumerados en el anexo IV sujetos a prohibiciones que aún no hayan pasado a ser aplicables en el momento de la evaluación, especialmente los productos y aparatos sujetos a prohibiciones totales de gases fluorados de efecto invernadero, incluidos acondicionadores de aire y bomba de calor partidos;

b) la evolución internacional pertinente para el sector del transporte marítimo y la posible ampliación del ámbito de aplicación de los requisitos de contención a los gases fluorados de efecto invernadero contenidos en los aparatos de refrigeración y aire acondicionado de los buques;

c) la posible ampliación del ámbito de aplicación de la prohibición de exportación a que se refiere el artículo 22, apartado 3, teniendo en cuenta, entre otras cosas, el potencial aumento de la disponibilidad mundial de productos y aparatos que contengan gases fluorados de efecto invernadero con un PCG bajo o alternativas naturales y la evolución en virtud del Protocolo;

d) la posible inclusión en el requisito de cuota establecido en el artículo 16, apartado 1, de los hidrofluorocarburos a los fines previstos en el artículo 16, apartado 2, en particular los hidrofluorocarburos directamente suministrados por un productor o importador a una empresa que los use para el mordentado de material semiconductor o la limpieza de cámaras de deposición química en fase de vapor en el sector de la fabricación de semiconductores;

e) el riesgo de reducción excesiva de la competencia en el mercado debido a las prohibiciones y las excepciones conexas en virtud del artículo 13, apartado 9, en particular las relativas a, aparamenta eléctrica de alta tensión de más de 145 kV o de más de 50 kA de corriente de cortocircuito.

La Comisión presentará al Parlamento Europeo y al Consejo, si procede, una propuesta legislativa que podrá incluir modificaciones del anexo IV.

6. Antes del 1 de enero de 2040, la Comisión revisará las necesidades de hidrofluorocarburos en los sectores en los que se siguen usando y la eliminación gradual de las cuotas de HFC establecidas en el anexo VII para el año 2050, en particular teniendo en cuenta la evolución tecnológica, la disponibilidad de alternativas a los hidrofluorocarburos para las aplicaciones pertinentes y los objetivos climáticos de la Unión. Cuando proceda, la revisión irá acompañada de una propuesta legislativa al Parlamento Europeo y al Consejo.

7. El Consejo Científico Consultivo Europeo sobre Cambio Climático, creado en virtud del artículo 10 bis del Reglamento (CE) n.º 401/2009 del Parlamento Europeo y del Consejo[31], podrá, por propia iniciativa, proporcionar asesoramiento científico y publicar informes sobre la coherencia del presente Reglamento con los objetivos del Reglamento (UE) 2021/1119 y con los compromisos internacionales de la Unión en virtud del Acuerdo de París.

(31) Reglamento (CE) n.º 401/2009 del Parlamento Europeo y del Consejo, de 23 de abril de 2009, relativo a la Agencia Europea de Medio Ambiente y a la Red Europea de Información y de Observación sobre el Medio Ambiente (DO L 126 de 21.5.2009, p. 13).

Artículo 36. Modificaciones de la Directiva (UE) 2019/1937

En el anexo, parte I, sección E, punto 2, de la Directiva (UE) 2019/1937, se añade el inciso siguiente:

«vi) Reglamento (UE) 2024/573 del Parlamento Europeo y del Consejo, de 7 de febrero de 2024, sobre los gases fluorados de efecto invernadero, por el que se modifica la Directiva (UE) 2019/1937, y se deroga el Reglamento (UE) n.º 517/2014 (DO L, 2024/573, 20.2.2024, ELI: http://data.europa.eu/eli/reg/2024/573/oj).».

Artículo 37. Derogación y disposiciones transitorias

1. Queda derogado el Reglamento (UE) n.º 517/2014.

2. El artículo 12 del Reglamento (UE) n.º 517/2014 aplicable el 10 de marzo de 2024 seguirá aplicándose hasta el 31 de diciembre de 2024.

3. El artículo 14, apartado 2, párrafo segundo, y el artículo 19 del Reglamento (UE) n.º 517/2014 aplicable el 10 de marzo de 2024 seguirá aplicándose con respecto al período de referencia desde el 1 de enero de 2023 hasta el 31 de diciembre de 2023.

4. La cuota asignada de conformidad con el artículo 16, apartado 5, del Reglamento (UE) n.º 517/2014 seguirá siendo válida a efectos del cumplimiento del presente Reglamento.

La exención de hidrofluorocarburos a que se refiere el artículo 15, apartado 2, párrafo segundo, letra f), del Reglamento (UE) n.º 517/2014 se aplicará hasta el 31 de diciembre de 2024.

5. Las referencias al Reglamento derogado se entenderán hechas al presente Reglamento con arreglo a la tabla de correspondencias que figura en el anexo X.

Artículo 38. Entrada en vigor y aplicación

El presente Reglamento entrará en vigor a los veinte días de su publicación en el Diario Oficial de la Unión Europea.

El artículo 12 y el artículo 17, apartado 5, serán aplicables a partir del 1 de enero de 2025.

El artículo 20, apartados 2 y 3, y el artículo 23, apartado 5, serán aplicables a partir del 3 de marzo de 2025en lo que respecta al despacho a libre práctica a que se refiere el artículo 201 del Reglamento (UE) n.º 952/2013 y a todos los regímenes de importación y a la exportación.

El presente Reglamento será obligatorio en todos sus elementos y directamente aplicable en cada Estado miembro.

Hecho en Estrasburgo, el 7 de febrero de 2024.

Por el Parlamento Europeo

La Presidenta

R. METSOLA

Por el Consejo

La Presidenta

H. LAHBIB

ANEXO I

Gases fluorados de efecto invernadero a que se refiere el artículo 2, letra a)[(1)] – hidrofluorocarburos, perfluorocarburos y otros compuestos fluorados

(1) De conformidad con el artículo 2, letra a), las mezclas que contengan las sustancias enumeradas en el presente anexo se considerarán gases fluorados de efecto invernadero a los que se aplica el presente Reglamento.

Sustancia			PCG [(1)]	20 años – PCG [(2)] únicamente a efectos informativos
Designación industrial	Denominación química (denominación común)	Fórmula química		
Sección 1: Hidrofluorocarburos (HFC)				
HFC-23	trifluorometano (fluoroformo)	CHF_3	14 800	12 400
HFC-32	difluorometano	CH_2F_2	675	2 690
HFC-41	Fluorometano (fluoruro de metilo)	CH_3F	92	485
HFC-125	pentafluoretano	CHF_2CF_3	3 500	6 740
HFC-134	1,1,2,2-tetrafluoroetano	CHF_2CHF_2	1 100	3 900
HFC-134a	1,1,1,2-tetrafluoroetano	CH_2FCF_3	1 430	4 140
HFC-143	1,1,2-trifluoroetano	CH_2FCHF_2	353	1 300
HFC-143a	1,1,1-trifluoroetano	CH_3CF_3	4 470	7 840
HFC-152	1,2-difluoroetano	CH_2FCH_2F	53	77,6
HFC-152a	1,1-difluoroetano	CH_3CHF_2	124	591
HFC-161	Fluoretano (fluoruro de etilo)	CH_3CH_2F	12	17,4
HFC-227ea	1,1,1,2,3,3,3-heptafluoropropano	CF_3CHFCF_3	3 220	5 850
HFC-236cb	1,1,1,2,2,3-hexafluoropropano	$CH_2FCF_2CF_3$	1 340	3 750
HFC-236ea	1,1,1,2,3,3-hexafluoropropano	CHF_2CHFCF_3	1 370	4 420
HFC-236fa	1,1,1,3,3,3-hexafluoropropano	$CF_3CH_2CF_3$	9 810	7 450
HFC-245ca	1,1,2,2,3-pentafluoropropano	$CH_2FCF_2CHF_2$	693	2 680
HFC-245fa	1,1,1,3,3-pentafluoropropano	$CHF_2CH_2CF_3$	1 030	3 170
HFC-365mfc	1,1,1,3,3-pentafluorobutano	$CF_3CH_2CF_2CH_3$	794	2 920
HFC-43-10mee	1,1,1,2,2,3,4,5,5,5 decafluoropentano	$CF_3CHFCHFCF_2C-F_3$	1 640	3 960

Sustancia			PCG [1]	20 años – PCG [2] únicamente a efectos informativos
Designación industrial	Denominación química (denominación común)	Fórmula química		
Sección 2: Perfluorocarburos (PFC)				
PFC-14	tetrafluorurometano (perfluorometano, tetrafluoruro de carbono)	CF_4	7 380	5 300
PFC-116	Hexafluoroetano (perfluoroetano)	C_2F_6	12 400	8 940
PFC-218	octafluoropropano (perfluoropropano)	C_3F_8	9 290	6 770
PFC-3-1-10 (R-31-10)	decafluorobutano (perfluorobutano)	C_4F_{10}	10 000	7 300
PFC-4-1-12 (R-41-12)	dodecafluoropentano (perfluoropentano)	C_5F_{12}	9 220	6 680
PFC-5-1-14 (R-51-14)	tetradecafluorohexano (perfluorohexano)	$CF_3CF_2CF_2CF_2-F_2CF_3$	8 620	6 260
PFC-c-318	octafluorociclobutano (perfluoro ciclobutano)	$c-C_4F_8$	10 200	7 400
PFC-9-1-18 (R-91-18)	Perfluorodecalina	$C_{10}F_{18}$	7 480	5 480
PFC-4-1-14 (R-41-14)	perfluoro-2-metilpentano	$CF_3CFCF_3CF_2CF_2-CF_3$ $(i-C_6F_{14})$	7 370 [2]	(*)
Sección 3: Otros compuestos (per)fluorados y nitrilos fluorados				
	hexafluoruro de azufre	SF_6	24 300	18 200
	Heptafluoroisobutironitrilo	$Iso-C_3F_7CN$	2 750	4 580

(1) Basado en el cuarto informe de evaluación adoptado por el Grupo Intergubernamental de Expertos sobre el Cambio Climático, salvo indicación en contrario.

(2) Droste et al. (2019). Trends and Emissions of Six Perfluorocarbons in the Northern and Southern Hemisphere. Atmospheric Chemistry and Physics. https://acp.copernicus.org/preprints/acp-2019-873/acp-2019-873.pdf.

(*) Potencial de calentamiento global no disponible aún.

ANEXO II

Gases fluorados de efecto invernadero a que se refiere el artículo 2, letra a) [1] – hidro(cloro) fluorocarburos insaturados, sustancias fluoradas usadas como anestésicos por inhalación y otras sustancias fluoradas

Sustancia		PCG [1]	20 años – PCG [1]
Denominación común o designación industrial	Fórmula química		únicamente a efectos informativos
Sección 1: Hidro(cloro)fluorocarburos insaturados			
HCFC-1224yd	$CF_3CF=CHCl$	0,06 [2]	(*)
Trans– 1,2-difluoroetileno (HFC-1132) e isómeros	$CHF=CHF$	>1	(*)
1,1-difluoroetano (HFC-1132a)	$CH_2=CF_2$	0,052	0,189
1,1,1,2,3,4,5,5,5 (or1,1,1,3,4,4,5,5,5)-nonafluoro-4 (or2)-(trifluorometil)pent-2-eno	$CF_3CF=CFCFCF_3CF_3$ o $CF_3CF_3C=CFCF_2CF_3$	1 [Fn 3]	(*)
HFC-1234yf	$CF_3CF=CH_2$	0,501	1,81
HFC-1234ze e isómeros	$CHF=CHCF_3$	1,37	4,94
HFC-1336mzz(E)	$(E)-CF_3CH=CHCF_3$	17,9	64,3
HFC-1336mzz(Z)	$(Z)-CF_3CH=CHCF_3$	2,08	7,48
HCFC-1233zd e isómeros	$CF_3CH=CHCl$	3,88	14
HCFC-1233xf	$CF_3CCl=CH_2$	1 [Fn 3]	(*)
Sección 2: sustancias fluoradas usadas como anestésicos por inhalación			
HFE-347mmz1 (sevoflurano) e isómeros	$(CF_3)_2CHOCH_2F$	195	702
HCFE-235ca2 (enflurano) e isómeros	CHF_2OCF_2CHFCl	654	2 320
HCFE-235da2 (isoflurano) e isómeros	$CHF_2OCHClCF_3$	539	1 930
HFE-236ea2 (desflurano) e isómeros	$CHF_2OCHFCF_3$	2 590	7 020
Sección 3: otras sustancias fluoradas			
trifluoruro de nitrógeno	NF_3	17 400	13 400
fluoruro de sulfurilo	SO_2F_2	4 630	7 510

(1) Basado en el sexto informe de evaluación adoptado por el Grupo Intergubernamental de Expertos sobre el Cambio Climático, salvo indicación en contrario.

(2) Tokuhashi, K., T. Uchimaru, K. Takizawa, & S. Kondo (2018): Rate Constants for the Reactions of OH Radical with the (E)/(Z) Isomers of $CF_3CF=CHCl$ and $CHF_2CF=CHCl$. The Journal of Physical Chemistry A 122:3120-3127.

(*) Potencial de calentamiento global no disponible aún.

(3) Valor por defecto; potencial de calentamiento global no disponible aún.

ANEXO III

Gases fluorados de efecto invernadero a que se refiere el artículo 2, letra a) [1] – éteres fluorados, cetonas y alcoholes y otros compuestos fluorados

Sustancia		PCG [1]	20 años – PCG [1] únicamente a efectos informativos
Denominación común o designación industrial	Fórmula química		
Sección 1: Éteres fluorados, cetonas y alcoholes			
HFE-125	CHF_2OCF_3	14 300	13 500
HFE-134 (HG-00)	CHF_2OCHF_2	6 630	12 700
HFE-143a	CH_3OCF_3	616	2 170
HFE-245cb2	$CH_3OCF_2CF_3$	747	2 630
HFE-245fa2	$CHF_2OCH_2CF_3$	878	3 060
HFE-254cb2	$CH_3OCF_2CHF_2$	328	1 180
HFE-347 mcc3 (HFE-7000)	$CH_3OCF_2CF_2CF_3$	576	2 020
HFE-347pcf2	$CHF_2CF_2OCH_2CF_3$	980	3 370
HFE-356pcc3	$CH_3OCF_2CF_2CHF_2$	277	995
HFE-449s1 (HFE-7100)	$C_4F_9OCH_3$	460	1 620
HFE-569sf2 (HFE-7200)	$C_4F_9OC_2H_5$	60,7	219
HFE-7300	$(CF_3)_2CFCFOC_2H_5CF_2CF_2CF_3$	405	1 420
n-HFE-7100	$CF_3CF_2CF_2CF_2OCH_3$	544	1 920
i-HFE-7100	$(CF_3)_2CFCF_2OCH_3$	437	1 540
i-HFE-7200	$(CF_3)_2CFCF_2OCH_2CH_3$	34,3	124
HFE-43-10pcccl24 (H-Galden 1040x) HG-11	$CHF_2OCF_2OC_2F_4OCHF_2$	3 220	8 720
HFE-236cal2 (HG-10)	$CHF_2OCF_2OCHF_2$	6 060	11 700
HFE-338pccl3 (HG-01)	$CHF_2OCF_2CF_2OCHF_2$	3 320	9 180
HFE-347mmyl	$(CF_3)_2CFOCH_3$	392	1 400
2,2,3,3,3-pentafluoropropan-1-ol	$CF_3CF_2CH_2OH$	34,3	123
1,1,1,3,3,3-Hexafluoropropan-2-ol	$(CF_3)_2CHOH$	206	742
HFE-227ea	$CF_3CHFOCF_3$	7 520	9 800
HFE-236fa	$CF_3CH_2OCF_3$	1 100	3 670

HFE-245fal	$CHF_2CH_2OCF_3$	934	3 170
HFE 263mf	$CF_3CH_2OCH_3$	2,06	7,43
HFE-329mcc2	$CHF_2CF_2OCF_2CF_3$	3 770	7 550
HFE-338mcf2	$CF_3CH_2OCF_2CF_3$	1 040	3 460
HFE-338mmzl	$(CF_3)_2CHOCHF_2$	3 040	6 500
HFE-347mcf2	$CHF_2CH_2OCF_2CF_3$	963	3 270
HFE-356mec3	$CH_3OCF_2CHFCF_3$	264	949
HFE-356mm1	$(CF_3)_2CHOCH_3$	8,13	29,3
HFE-356pcf2	$CHF_2CH_2OCF_2CHF_2$	831	2 870
HFE-356pcf3	$CHF_2OCH_2CF_2CHF_2$	484	1 730
HFE 365mcf3	$CF_3CF_2CH_2OCH_3$	1,6	5,77
HFE-374pc2	$CHF_2CF_2OCH_2CH_3$	12,5	45
2,2,3,3,4,4,5,5- octafluorociclopentan-1-ol	$-(CF_2)_4CH(OH)-$	13,6	49,1
1,1,1,3,4,4,4-Heptafluoro-3- (trifluorometil) butan-2-ona	$CF_3C(O)CF(CF_3)_2$	0,29 [2]	(*)
perfluoropolimetilisopropil-éter (PFPMIE)	$CF_3OCF(CF_3)CF_2OCF_2OCF_3$	10 300	7 750
Perfluoro(2-metil-3-pentanona) (1,1,1,2,2,4,5,5,5-nonafluoro-4- (trifluorometil) pentan-3-ona	$CF_3CF_2C(O)CF(CF_3)_2$	0,114	0,441
Sección 2: Otros compuestos fluorados			
trifluoromeetilsulfurpentafluoruro	SF_5CF_3	18 500	13 900
Perfluorociclopropano	$c-C_3F_6$	9 200 [3]	6 850 [3]
perfluorotributilamina (PFTBA, FC43)	$C_{12}F_{27}N$	8 490	6 340
perfluoro-N-metilmorfolina	$C_5F_{11}NO$	8 800 [4]	(*)
Perfluorotripropilamina	$C_9F_{21}N$	9 030	6 750

(1) Basado en el sexto informe de evaluación adoptado por el Grupo Intergubernamental de Expertos sobre el Cambio Climático, salvo indicación en contrario.

(2) Ren et al. (2019). Atmospheric Fate and Impact of Perfluorinated Butanone and Pentanone. Environ. Sci. Technol. 2019, 53, 15, 8862-8871. (*) No están disponibles todavía.

(3) WMO et al. (2018). Scientific Assessment of Ozone Depletion.

(4) Expediente de registro REACH. https://echa.europa.eu/registration-dossier/-/registered-dossier/10075/5/1

ANEXO IV

Prohibiciones de introducción en el mercado a las que se refiere el artículo 11, apartado 1

Productos y aparatos	Fecha de la prohibición
1) Recipientes no rellenables para gases fluorados de efecto invernadero enumerados en el anexo I, vacíos, llenos parcial o completamente, usados para revisar, mantener o llenar aparatos de refrigeración, aire acondicionado o bombas de calor, sistemas de protección contra incendios o aparamenta eléctrica, o para usarlos como disolventes.	4 de julio de 2007

REFRIGERACIÓN FIJA		
Productos y aparatos		Fecha de la prohibición
2) Frigoríficos y congeladores domésticos:	a) que contienen HFC con un PCG igual o superior a 150;	1 de enero de 2015
	b) que contienen gases fluorados de efecto invernadero, excepto si son necesarios para cumplir requisitos de seguridad en la zona de operación.	1 de enero de 2026
3) Frigoríficos y congeladores para uso comercial (aparatos autónomos):	a) que contienen HFC con un PCG igual o superior a 2 500;	1 de enero de 2020
	b) que contienen HFC con un PCG igual o superior a 150;	1 de enero de 2022
	c) que contienen otros gases fluorados de efecto invernadero con un PCG igual o superior a 150.	1 de enero de 2025
4) Cualquier aparato de refrigeración autónomo, excepto los enfriadores, que contenga gases fluorados de efecto invernadero con un PCG igual o superior a 150, excepto si son necesarios para cumplir los requisitos de seguridad en la zona de operación.		1 de enero de 2025
5) Aparatos de refrigeración, excepto los enfriadores y los equipos contemplados en los puntos 4 y 6, que contengan o cuyo funcionamiento dependa de:	a) HFC con un PCG igual o superior a 2 500, excepto los aparatos destinados para aplicaciones diseñadas a refrigerar productos a temperaturas inferiores a - 50 °C;	1 de enero de 2020
	b) gases fluorados de efecto invernadero con un PCG igual o superior a 2 500, excepto los aparatos destinados para aplicaciones diseñadas a refrigerar productos a temperaturas inferiores a - 50 °C;	1 de enero de 2025
	c) gases fluorados de efecto invernadero, con un PCG igual o superior a 150, excepto si son necesarios para cumplir los requisitos de seguridad en la zona de operación.	1 de enero de 2030

6) Sistemas de refrigeración centralizada multicompresor compactos, para uso comercial, con una capacidad nominal igual o superior a 40 kW, que contengan gases fluorados de efecto invernadero enumerados en el anexo I, o cuyo funcionamiento dependa de ellos, con un PCG igual o superior a 150, excepto en los circuitos refrigerantes primarios de los sistemas en cascada, en que pueden emplearse gases fluorados de efecto invernadero con un PCG inferior a 1 500.	1 de enero de 2022

Productos y aparatos		Fecha de la prohibición
ENFRIADORES FIJOS		
7) Enfriadores que contengan o cuyo funcionamiento dependa de:	a) HFC con un PCG igual o superior a 2 500, excepto los aparatos destinados para aplicaciones diseñadas a refrigerar productos a temperaturas inferiores a - 50 °C;	1 de enero de 2020
	b) gases fluorados de efecto invernadero con un PCG igual o superior a 150 para enfriadores con una capacidad nominal de hasta 12 kW, excepto si son necesarios para cumplir los requisitos de seguridad en la zona de operación;	1 de enero de 2027
	c) gases fluorados de efecto invernadero para enfriadores con una capacidad nominal de hasta 12 kW, excepto si son necesarios para cumplir los requisitos de seguridad en la zona de operación;	1 de enero de 2032
	d) gases fluorados de efecto invernadero con un PCG de 750 para enfriadores con una capacidad nominal de más de 12 kW, excepto si son necesarios para cumplir los requisitos de seguridad en la zona de operación.	1 de enero de 2027

APARATOS FIJOS DE AIRE ACONDICIONADO Y BOMBAS DE CALOR FIJAS		
	Productos y aparatos	Fecha de la prohibición
8) Aparatos de aire acondicionado y bombas de calor autónomos, excepto enfriadores:	a) aparatos enchufables de aire acondicionado para espacios cerrados que el usuario final puede cambiar de una habitación a otra, que contienen HFC con un PCG igual o superior a 150;	1 de enero de 2020
	b) aparatos de aire acondicionado, aparatos monobloque de aire acondicionado, otros aparatos autónomos de aire acondicionado y bombas de calor autónomas, enchufables para espacios cerrados, con una capacidad nominal de hasta 12 kW, que contienen gases fluorados de efecto invernadero con un PCG igual o superior a 150, excepto si son necesarios para cumplir los requisitos de seguridad. Si los requisitos de seguridad en la zona de operación no permitirían utilizar gases fluorados de efecto invernadero con un PCG inferior a 150, el límite de PCG será de 750;	1 de enero de 2027
	c) aparatos de aire acondicionado, aparatos monoblo que de aire acondicionado, otros aparatos autónomos de aire acondicionado y bombas de calor autónomas, enchufables para espacios cerrados, con una capacidad nominal de hasta 12 kW, que contienen gases fluorados de efecto invernadero, excepto si son nece sarios para cumplir los requisitos de seguridad. Si los requisitos de seguridad en la zona de operación no permitirían utilizar alternativas a los gases fluorados de efecto invernadero, el límite de PCG será de 750;	1 de enero de 2032
	d) aparatos monobloque y otros aparatos autónomos de aire acondicionado y bombas de calor, con una capacidad nominal superior a 12 kW pero igual o inferior a 50 kW, que contienen gases fluorados de efecto invernadero con un PCG igual o superior a 150, excepto si son necesarios para cumplir los requisitos de seguridad. Si los requisitos de seguridad en la zona de operación no permitirían uti lizar gases fluorados de efecto invernadero con un PCG inferior a 150, el límite de PCG será de 750	1 de enero de 2027
	e) otros aparatos autónomos de aire acondicionado y bomba de calor que contienen gases fluorados de efecto invernadero con un PCG igual o superior a 150, excepto si son necesarios para cumplir los requisitos de seguridad. Si los requisitos de seguridad en la zona de operación no permitirían usar gases fluorados de efecto invernadero con un PCG inferior a 150, el límite de PCG será de 750.	1 de enero de 2030

APARATOS FIJOS DE AIRE ACONDICIONADO Y BOMBAS DE CALOR FIJAS		
Productos y aparatos		Fecha de la prohibición
9) Aparatos de aire acondicionado partidos y bombas de calor [1]:	a) sistemas partidos simples que contengan menos de 3 kg de gases fluorados de efecto invernadero enu merados en el anexo I o cuyo funcionamiento dependa de ellos, con un PCG igual o superior a 750;	1 de enero de 2025
	b) sistemas partidos aire-agua con una capacidad nominal de hasta 12 kW que contienen gases fluorados de efecto invernadero, o cuyo funcionamiento depende de ellos, con un PCG igual o superior a 150, excepto si son necesarios para cumplir los requisitos de seguridad en la zona de operación	1 de enero de 2027
	c) sistemas partidos aire-aire con una capacidad nominal de hasta 12 kW que contienen gases fluorados de efecto invernadero, o cuyo funcionamiento depende de ellos, con un PCG igual o superior a 150, excepto si son necesarios para cumplir los requisitos de seguridad en la zona de operación;	1 de enero de 2029
	d) sistemas partidos con una capacidad nominal de hasta 12 kW que contienen gases fluorados de efecto invernadero, o cuyo funcionamiento depende de ellos, excepto si son necesarios para cumplir los requisitos de seguridad en la zona de operación;	1 de enero de 2035
	e) sistemas partidos con una capacidad nominal superior a 12 kW que contienen gases fluorados de efecto invernadero, o cuyo funcionamiento depende de ellos, con un PCG igual o superior a 750, excepto si son necesarios para cumplir los requisitos de seguridad en la zona de operación;	1 de enero de 2029
	f) sistemas partidos con una capacidad nominal superior a 12 kW que contienen gases fluorados de efecto invernadero, o cuyo funcionamiento depende de ellos, con un PCG igual o superior a 150, excepto si son necesarios para cumplir los requisitos de seguridad en la zona de operación.	1 de enero de 2033

OTROS PRODUCTOS Y APARATOS		
Productos y aparatos		Fecha de la prohibición
10) Sistemas no confinados de evaporación directa que contienen HFC y PFC como refrigerantes.		4 de julio de 2007
11) Aparatos de protección contra incendios:	a) que contienen PFC;	4 de julio de 2007
	b) que contienen HFC-23;	1 de enero de 2016
	c) que contienen otros gases fluorados de efecto invernadero enumerados en el anexo I o dependen de ellos, excepto si son necesarios para cumplir los requisitos de seguridad en la zona de operación.	1 de enero de 2025
12) Ventanas para uso doméstico que contienen gases fluorados de efecto invernadero enumerados en el anexo I.		4 de julio de 2007
13) Otras ventanas que contienen gases fluorados de efecto invernadero enumerados en el anexo I.		4 de julio de 2008
14) Calzado que contiene gases fluorados de efecto invernadero enumerados en el anexo I.		4 de julio de 2006
15) Neumáticos que contienen gases fluorados de efecto invernadero enumerados en el anexo I.		4 de julio de 2007
16) Espumas monocomponente, salvo si su utilización es necesaria para cumplir las normas de seguridad nacionales, que contienen gases fluorados de efecto invernadero enumerados en el anexo I con un PCG igual o superior a 150.		4 de julio de 2008
17) Espumas:	a) poliestireno extruido (XPS) que contiene HFC con un PCG igual o superior a 150, excepto si es necesario para cumplir normas de seguridad nacionales;	1 de enero de 2020
	b) espumas distintas del poliestireno extruido (XPS) que contienen HFC con un PCG igual o superior a 150, excepto si son necesarias para cumplir normas de seguridad nacionales;	1 de enero de 2023
	c) espumas que contienen gases fluorados de efecto invernadero, excepto si son necesarias para cumplir re quisitos de seguridad.	1 de enero de 2033
18) Generadores de aerosoles introducidos en el mercado y destinados a la venta al público en general con fines recreativos y decorativos, como se indica en el punto 40 del anexo XVII del Reglamento (CE) n.º 1907/2006, y bocinas que contienen HFC con un PCG igual o superior a 150.		4 de julio de 2009

19) Aerosoles técnicos:	a) que contengan HFC con un PCG igual o superior a 150, excepto si son necesarios para cumplir las normas nacionales de seguridad o cuando se utilicen para aplicaciones médicas;	1 de enero de 2018
	b) que contengan gases fluorados de efecto invernadero, excepto si son necesarios para cumplir las normas nacionales de seguridad o cuando se utilicen para aplicaciones médicas.	1 de enero de 2030
20) Productos de cuidado personal (por ejemplo, mousse, cremas, espumas, líquidos o pulverizadores) que contienen gases fluorados de efecto invernadero.		1 de enero de 2025
21) Aparatos utilizados para enfriar la piel que contengan gases fluorados de efecto invernadero, o cuyo funcionamiento dependa de ellos, con un PCG igual o superior a 150, excepto si se utilizan para aplicaciones médicas.		1 de enero de 2025

(1) A efectos del presente Reglamento, las bombas de calor y los aparatos de aire acondicionado fijos de doble tubo se considerarán partidos (categoría 9) y estarán sujetos a los mismos requisitos.

El punto 1 se aplica a los recipientes no rellenables, a saber:

a) recipientes que no pueden rellenarse sin sufrir una adaptación para tal fin (no rellenables), y

b) recipientes que podrían rellenarse pero que se importan o introducen en el mercado sin que se haya previsto su devolución para su rellenado.

ANEXO V

Derechos de producción para la introducción en el mercado de hidrofluorocarburos

Los derechos de producción de hidrofluorocarburos, expresados en toneladas equivalentes de CO_2, mencionados en el artículo 14, apartado 3, para cada productor, se calculan del modo siguiente:

a) para el período comprendido entre el 1 de enero de 2025 y el 31 de diciembre de 2028, el 60 % de la media anual de su producción en 2011-2013;

b) para el período comprendido entre el 1 de enero de 2029 y el 31 de diciembre de 2033, el 30 % de la media anual de su producción en 2011-2013;

c) para el período comprendido entre el 1 de enero de 2034 y el 31 de diciembre de 2035, el 20 % de la media anual de su producción en 2011-2013;

d) para el período que se inicia el 1 de enero de 2036, el 15 % de la media anual de su producción en 2011-2013.

ANEXO VI

Método de cálculo del PCG a que se refiere el artículo 3, punto 1, de una mezcla

El PCG de una mezcla se calcula como media ponderada derivada de la suma de las fracciones en peso de cada una de las sustancias multiplicadas por sus PCG, salvo indicación en contrario, incluidas las sustancias que no son gases fluorados de efecto invernadero.

Σ (sustancia X % x PCG) + (sustancia Y % x PCG) + … (sustancia N % x PCG), donde % es la contribución en peso con una tolerancia de peso de +/-1 %.

Por ejemplo: al aplicar la fórmula a una mezcla de gases consistente en un 60 % de éter dimetílico, un 10 % de HFC-152 a y un 30 % de isobutano:

Σ (60 % x 1) + (10 % x 124) + (30 % x 0)

PCG total = 13,0

El PCG de las siguientes sustancias no fluoradas se utiliza para calcular el PCG de las mezclas. Para las demás sustancias que no aparecen en el presente anexo, el valor por defecto es cero. Únicamente son pertinentes para el cálculo del PCG los componentes emisibles que cumplan en líneas generales la misma función.

Sustancia			PCG 100 [1]
Nombre común	**Designación industrial**	**Fórmula química**	
metano		CH_4	27,9
óxido nitroso		N_2O	273
éter dimetílico		CH_3OCH_3	1 [2]
cloruro de metileno		CH_2Cl_2	11,2
cloruro de metilo		CH_3Cl	5,54
cloroformo		$CHCl_3$	20,6
etano	R-170	CH_3CH_3	0,437
propano	R-290	$CH_3CH_2CH_3$	0,02
butano	R-600	$CH_3CH_2CH_2CH_3$	0,006
isobutano	R-600a	$CH(CH_3)_2CH_3$	0 [3]
pentano	R-601	$CH_3CH_2CH_2CH_2CH_3$	0 [3]
isopentano	R-601a	$(CH_3)_2CHCH_2CH_3$	0 [3]
etoxietano (éter dietílico)	R-610	$CH_3CH_2OCH_2CH_3$	4 [2]
formiato de metilo	R-611	$HCOOCH_3$	11 [4]
hidrógeno	R-702	H_2	6 [2]
amoniaco	R-717	NH_3	0
etileno	R-1150	C_2H_4	4 [2]
n-butano	R-1270	C_3H_6	0 [3]
ciclopentano		C_5H_{10}	0 [3]

(1) Basado en el sexto informe de evaluación adoptado por el Grupo Intergubernamental de Expertos sobre el Cambio Climático, salvo indicación en contrario.

(2) Basado en el cuarto informe de evaluación adoptado por el Grupo Intergubernamental de Expertos sobre el Cambio Climático.

(3) WMO et al. (2018). Evaluación científica de la eliminación del ozono, en la que el valor se indica como << 1.

(4) WMO et al. (2018). Scientific Assessment of Ozone Depletion.

ANEXO VII

Cantidades máximas y cálculo de los valores de referencia y de la cuota para la introducción en el mercado de hidrofluorocarburos a que se refiere el artículo 17

1) La cantidad máxima de hidrofluorocarburos cuya introducción se permite en el mercado de la Unión en un año dado será la siguiente:

Años	Cantidad máxima en toneladas equivalentes de CO_2
2025 – 2026	42 874 410
2027 – 2029	21 665 691
2030 – 2032	9 132 097
2033 – 2035	8 445 713
2036 – 2038	6 782 265
2039 – 2041	6 136 732
2042 – 2044	5 491 199
2045 – 2047	4 845 666
2048 – 2049	4 200 133
a partir de 2050	0

2) El valor de base de 2015 para la cantidad máxima se fija en: 176 700 479 toneladas equivalentes de CO_2.

3) Los valores de referencia y cuota para la introducción en el mercado de hidrofluorocarburos a que se refieren los artículos 16 y 17 se calcularán como las cantidades agregadas de todos los hidrofluorocarburos, expresadas en toneladas equivalentes de CO_2 redondeadas a la tonelada más próxima.

4) Cada productor e importador recibirá los valores de referencia a que se refiere el artículo 17, apartado 1, calculados como sigue:

a) un valor de referencia para la introducción en el mercado de hidrofluorocarburos basado en la media anual de las cantidades de hidrofluorocarburos introducidas de manera lícita en el mercado a partir del 1 de enero de 2015, notificadas con arreglo al artículo 19 del Reglamento (UE) n.º 517/2014 y al artículo 26 del presente Reglamento para los años disponibles, y teniendo en cuenta las transferencias recibidas, sin incluir las cantidades de hidrofluorocarburos para los usos a que se refiere el artículo 26, apartado 5, del presente Reglamento durante el mismo período, sobre la base de los datos disponibles;

b) además, en el caso de los productores e importadores que hayan comunicado la introducción en el mercado de hidrofluorocarburos para el uso a que se refiere el artículo 26, apartado 5, párrafo segundo, del presente Reglamento un valor de referencia basado en la media anual de las cantidades de dichos hidrofluorocarburos introducidos en el mercado de manera lícita a partir del 1 de enero de 2020, comunicadas con arreglo al artículo 19 del Reglamento (UE) n.º 517/2014 y al artículo 26 del presente Reglamento, para los años disponibles, sobre la base de los datos disponibles.

ANEXO VIII

Mecanismo de asignación contemplado en el artículo 17

1) Determinación de la cantidad que debe asignarse a las empresas para las que se ha establecido un valor de referencia en virtud de lo dispuesto en el artículo 17, apartado 1.

Cada empresa para la que se han establecido valores de referencia recibe una cuota, que se calcula como sigue:

a) una cuota correspondiente al 89 % del valor de referencia mencionado en el anexo VII, punto 4, letra a), multiplicado por la cantidad máxima para el año para el que se asigna la cuota dividida por el valor de base de 176 700 479 toneladas equivalentes de CO_2 [1], y

b) además, cuando proceda, una cuota correspondiente al valor de referencia mencionado en el anexo VII, punto 4, letra b). A partir de 2027, una cuota correspondiente al valor obtenido al multiplicar el valor de referencia por un factor de 0,85. A partir de 2030, una cuota correspondiente al valor de referencia multiplicado por la cantidad máxima para el año para el que se asigne la cuota dividido por la cantidad máxima para el año 2025.

Cuando, tras la asignación de la cantidad total de cuota a que se refiere el párrafo segundo, se supere la cantidad máxima, toda la cuota se reducirá proporcionalmente.

2) Determinación de la cuota que debe asignarse a las empresas que han presentado una declaración con arreglo a lo dispuesto en el artículo 17, apartado 3.

La suma total de la cuota asignada en virtud del punto 1 se resta de la cantidad máxima para el año en cuestión establecida en el anexo VII para determinar la cantidad de reserva que debe asignarse a las empresas que hayan presentado una declaración en virtud del artículo 17, apartado 3.

Cada empresa recibe una asignación correspondiente a una parte proporcional de la reserva.

La parte proporcional se calcula dividiendo 100 entre el número de empresas que han presentado una declaración.

3) Las sanciones establecidas de conformidad con el artículo 31 se tendrán en cuenta en los cálculos mencionados anteriormente.

[1] Este número es la cantidad máxima establecida para 2015 al principio de la reducción gradual, teniendo en cuenta la retirada del Reino Unido de la Unión.

ANEXO IX

1) Cada productor contemplado en el artículo 26, apartado 1, párrafo primero, debe notificar:

a) la cantidad total de cada sustancia enumerada en los anexos I, II y III que haya producido en la Unión, incluida la subproducción, distinguiendo entre cantidades capturadas y no capturadas, e identificando las cantidades destruidas, de dicha producción o subproducción, de las cantidades no capturadas o, en caso de haber sido capturadas, las cantidades destruidas antes de su introducción en el mercado, ya sea en las instalaciones del productor o entregadas a otras empresas para su destrucción, así como la empresa que haya realizado la destrucción;

b) las principales categorías de aplicaciones en las que se usa la sustancia;

c) las cantidades de cada sustancia enumerada en los anexos I, II y III que se haya introducido en el mercado de la Unión, especificando por separado:

i) las cantidades introducidas en el mercado para su uso como materia prima, aclarando, únicamente en el caso del HFC-23, si el uso se produce después de una captura previa o sin captura previa,

ii) las exportaciones directas,

iii) la producción de inhaladores dosificadores para la administración de ingredientes farmacéuticos,

iv) el uso en equipo militar,

v) el uso para el mordentado de material semiconductor o la limpieza de cámaras de deposición química en fase de vapor en el sector de la fabricación de semiconductores,

vi) las cantidades de hidrofluorocarburos producidas para usos en la Unión exentos en virtud del Protocolo;

d) las existencias mantenidas al principio y al final del período al que se refiere la notificación, especificando si ya se han introducido en el mercado o no.

2) Cada importador contemplado en el artículo 26, apartado 1, párrafo primero, debe notificar:

a) la cantidad total de cada sustancia enumerada en los anexos I, II y III que haya importado en la Unión, indicando las principales categorías de aplicaciones en que se use la sustancia, especificando por separado:

i) las cantidades importadas, no despachadas a libre práctica y reexportadas contenidas en productos o aparatos por la empresa declarante,

ii) las cantidades que vayan a destruirse, identificando a la empresa que realice la destrucción,

iii) los usos como materia prima, especificando por separado las cantidades de hidrofluorocarburos importadas para su uso como materia prima e identificando la empresa que utiliza la materia prima,

iv) las exportaciones directas, identificando la empresa exportadora,

v) la producción de inhaladores dosificadores para la administración de ingredientes farmacéuticos, identificando al productor,

vi) el uso en equipo militar; la identificación de la empresa que recibe las cantidades para ese uso,

vii) el uso para el mordentado de material semiconductor o la limpieza de cámaras de deposición química en fase de vapor en el sector de la fabricación de semiconductores, identificando al fabricante de semiconductores receptor,

viii) las cantidades de hidrofluorocarburos contenidas en polioles premezclados,

ix) las cantidades de hidrofluorocarburos recuperadas, recicladas o regeneradas,

x) la cantidad de hidrofluorocarburos importada para usos exentos en virtud del Protocolo: las cantidades de hidrofluorocarburos se notificarán por separado para cada país de origen;

b) las existencias mantenidas al principio y al final del período al que se refiere la comunicación, especificando si ya se han introducido en el mercado o no.

3) Cada exportador contemplado en el artículo 26, apartado 1, párrafo primero, notificará sobre las cantidades de cada sustancia enumeradas en los anexos I, II y III que haya exportado de la Unión, especificando si proceden de su propia producción o importación o si se ha comprado a otras empresas de la Unión, incluidas las cantidades de hidrofluoro carburos contenidas en polioles premezclados.

4) Cada empresa contemplada en el artículo 26, apartado 2, notificará:

a) las cantidades de cada sustancia enumerada en los anexos I, II y III que hayan sido destruidas, incluidas, por separado, las cantidades de dichas sustancias presentes en productos o aparatos;

b) las eventuales existencias mantenidas al principio y al final del período a que se refiere la notificación de cada sustancia enumerada en los anexos I, II y III en espera de ser destruidas, incluidas, por separado, las cantidades de dichas sustancias presentes en productos o aparatos;

c) la tecnología empleada para la destrucción de las sustancias enumeradas en los anexos I, II y III.

5) Cada empresa contemplada en el artículo 26, apartado 3, notificará las cantidades de cada sustancia enumerada en el anexo I usadas como materia prima.

6) Cada empresa contemplada en el artículo 26, apartado 4, notificará:

a) las categorías de los productos o aparatos que contienen sustancias enumeradas en los anexos I, II y III;

b) el número de unidades con respecto a los productos y aparatos o la masa con respecto a productos no contables, como las espumas;

c) las cantidades de cada una de las sustancias enumeradas en los anexos I, II y III presentes en los productos o aparatos;

d) la cantidad de hidrofluorocarburos cargados en el aparato importado, despachado a libre práctica, para el cual hayan sido exportados previamente desde la Unión y que haya estado sujeta a las limitaciones de la cuota para su introducción en el mercado de la Unión. En tal caso, la comunicación especificará también la empresa exportadora y el año de exportación, así como la empresa que haya introducido en el mercado los hidrofluorocarburos en la Unión por primera vez y el año de su introducción en el mercado.

7) Cada una de las empresas mencionadas en el artículo 26, apartado 5, notificará las cantidades de cada sustancia recibidas de los importadores y productores para su destrucción, usos como materia prima, exportaciones directas, inhaladores dosificadores para la administración de ingredientes farmacéuticos, uso en equipos militares y uso en el mordentado de material semiconductor o la limpieza de cámaras de deposición química en fase de vapor dentro del sector de la fabricación de semiconductores.

El fabricante de inhaladores dosificadores para la administración de ingredientes farmacéuticos notificará el tipo de hidrofluorocarburos y las cantidades utilizadas.

8) Cada empresa contemplada en el artículo 26, apartado 6, notificará:

a) las cantidades de cada sustancia enumeradas en los anexos I, II y III que haya regenerado;

b) las existencias mantenidas al principio y al final del período a que se refiere la notificación de cada una de las sustancias enumeradas en los anexos I, II y III en espera de ser regeneradas.

ANEXO X

Tabla de correspondencias

Reglamento (UE) n.º 517/2014	Presente Reglamento
Artículo 1	Artículo 1
Artículo 2, punto 1	Artículo 2, letra a)
Artículo 2, punto 2	Artículo 3, punto 4
Artículo 2, puntos 3 y 4	—
Artículo 2, punto 5	Artículo 3, punto 2
Artículo 2, punto 6	Artículo 3, punto 1
Artículo 2, punto 7	Artículo 3, punto 3
Artículo 2, punto 8	Artículo 3, punto 5
Artículo 2, punto 9	Artículo 3, punto 36
Artículo 2, punto 10	Artículo 3, punto 6
Artículo 2, punto 11	Artículo 3, punto 9
Artículo 2, punto 12	Artículo 3, punto 10
Artículo 2, punto 13	Artículo 11, apartado 3, párrafo segundo, y anexo IV, punto 1
Artículo 2, punto 14	Artículo 3, punto 11
Artículo 2, punto 15	Artículo 3, punto 12
Artículo 2, punto 16	Artículo 3, punto 13
Artículo 2, punto 17	Artículo 3, punto 14
Artículo 2, punto 18	Artículo 3, punto 15
Artículo 2, punto 19	Artículo 3, punto 16
Artículo 2, punto 20	Artículo 3, punto 17
Artículo 2, punto 21	Artículo 3, punto 18
Artículo 2, punto 22	Artículo 3, punto 19
Artículo 2, punto 23	Artículo 3, punto 20
Artículo 2, punto 24	Artículo 3, punto 21
Artículo 2, punto 25	Artículo 3, punto 22

Artículo 2, punto 26	Artículo 3, punto 23
Artículo 2, punto 27	Artículo 3, punto 24
Artículo 2, punto 28	—
Artículo 2, punto 29	Artículo 3, punto 26
Artículo 2, punto 30	Artículo 3, punto 27
Artículo 2, punto 31	Artículo 3, punto 28
Artículo 2, punto 33	Artículo 3, punto 30
Artículo 2, punto 34	Artículo 3, punto 31
Artículo 2, punto 35	Artículo 3, punto 32
Artículo 2, punto 36	Artículo 3, punto 33
Artículo 2, punto 37	Artículo 3, punto 34
Artículo 2, punto 38	Artículo 3, punto 35
Artículo 2, punto 39	—
Artículo 3, apartado 1	Artículo 4, apartado 1
Artículo 3, apartado 2	Artículo 4, apartado 3
Artículo 3, apartado 3	Artículo 4, apartado 5
Artículo 3, apartado 4	Artículo 4, apartado 7
Artículo 4	Artículo 5
Artículo 5	Artículo 6
Artículo 6	Artículo 7
Artículo 7, apartado 1	Artículo 4, apartado 4
Artículo 7, apartado 2	Artículo 4, apartado 6
Artículo 8, apartado 1, párrafo primero	Artículo 8, apartado 1
Artículo 8, apartado 1, párrafo segundo	Artículo 8, apartado 2
Artículo 8, apartado 2	Artículo 8, apartado 7
Artículo 8, apartado 3	Artículo 8, apartado 10
Artículo 9	Artículo 9
Artículo 10, apartado 1, párrafo primero	Artículo 10, apartado 1, párrafo primero, y artículo 10, apartado 3

Artículo 10, apartado 2	Artículo 10, apartado 1, párrafo primero, letra a)
Artículo 10, apartado 3	Artículo 10, apartado 5
Artículo 10, apartado 4	Artículo 10, apartado 7
Artículo 10, apartado 5	—
Artículo 10, apartado 6	Artículo 10, apartado 2, y artículo 10, apartado 4
Artículo 10, apartado 7	Artículo 10, apartado 9
Artículo 10, apartado 8	—
Artículo 10, apartado 9	—
Artículo 10, apartado 10	Artículo 10, apartado 10
Artículo 10, apartado 11	Artículo 10, apartado 12
Artículo 10, apartado 12	Artículo 10, apartado 8
Artículo 10, apartado 13	Artículo 10, apartado 11
Artículo 10, apartado 14	Artículo 10, apartado 13
Artículo 11, apartado 1	Artículo 11, apartado 1, párrafo primero
Artículo 11, apartado 2	Artículo 11, apartado 2
Artículo 11, apartado 3	Artículo 11, apartado 5
Artículo 11, apartado 4	Artículo 11, apartado 6
Artículo 11, apartado 5	Artículo 11, apartado 7
Artículo 11, apartado 6	—
Artículo 12, apartados 1 a 12	Artículo 12, apartados 1 a 13
Artículo 12, apartado 13	Artículo 12, apartado 16
Artículo 12, apartado 14	Artículo 12, apartado 17
Artículo 12, apartado 15	Artículo 12, apartado 18
Artículo 13, apartado 1, párrafo primero	Artículo 13, apartado 1
Artículo 13, apartado 1, párrafo segundo	—
Artículo 13, apartado 2	Artículo 13, apartado 2
Artículo 13, apartado 3	—
Artículo 14, apartado 1	Artículo 19, apartado 1
Artículo 14, apartado 2, párrafo primero	Artículo 19, apartado 2, párrafo primero

Artículo 14, apartado 2, párrafo segundo	Artículo 19, apartado 3
Artículo 14, apartado 2, párrafo tercero	Artículo 19, apartado 2, párrafo tercero
Artículo 14, apartado 3	Artículo 19, apartado 2, párrafo segundo
Artículo 14, apartado 4	Artículo 19, apartado 4
Artículo 15, apartado 1, párrafo primero	—
Artículo 15, apartado 1, párrafo segundo	Artículo 16, apartado 1, párrafo primero
Artículo 15, apartado 2	Artículo 16, apartado 2
Artículo 15, apartado 3	Artículo 16, apartado 6
Artículo 15, apartado 4	Artículo 16, apartado 4
Artículo 16, apartado 1	—
Artículo 16, apartado 2	Artículo 17, apartado 3
Artículo 16, apartado 3	Artículo 17, apartado 1
Artículo 16, apartado 4	Artículo 17, apartado 3
Artículo 16, apartado 5	Artículo 17, apartado 4
Artículo 17, apartado 1, párrafo primero	Artículo 20, apartado 1
Artículo 17, apartado 1, párrafo segundo	Artículo 20, apartado 4
Artículo 17, apartado 1, párrafo tercero	—
Artículo 17, apartado 2	Artículo 20, apartado 6
Artículo 17, apartado 3	—
Artículo 17, apartado 4	Artículo 20, apartado 7
Artículo 18, apartado 2, párrafo primero	Artículo 21, apartado 2
Artículo 18, apartado 2, párrafo segundo	—
Artículo 18, apartado 2, párrafo tercero	Artículo 21, apartado 3
Artículo 19, apartado 1, párrafo primero	Artículo 26, apartado 1, párrafo primero
Artículo 19, apartado 2	Artículo 26, apartado 2
Artículo 19, apartado 3	Artículo 26, apartado 3
Artículo 19, apartado 4	Artículo 26, apartado 4
Artículo 19, apartado 5	Artículo 26, apartado 7
Artículo 19, apartado 6	Artículo 26, apartado 8

Artículo 19, apartado 7	Artículo 26, apartado 9, párrafo segundo
Artículo 19, apartado 8	Artículo 20, apartado 7, párrafo segundo
Artículo 20	Artículo 27
Artículo 21, apartado 1	Artículo 35, apartado 1
Artículo 21, apartados 2 a 6	—
Artículo 22	Artículo 32
Artículo 23	Artículo 33
Artículo 24	Artículo 34
Artículo 25	Artículo 31
Artículo 26	Artículo 37
Artículo 27	Artículo 38
Anexo I	Anexo I
Anexo II	Anexo III
Anexo III	Anexo IV
Anexo IV	Anexo VI
Anexo V	Anexo VII
Anexo VI	Anexo VIII
Anexo VII	Anexo IX

cano‖‖pina es una editorial
dedicada al
libro técnico y formativo

www.canonopina.com

ediciones@canopina.com